帝国軍人

公文書、私文書、オーラルヒストリーからみる

戸高一成　大木 毅

角川新書

まえがき

指折り数えてみると、もう三〇余年前のことになっており、時の流れに茫然《ぼうぜん》とするばかりだ。そのころは、旧帝国軍人に会っては話を聞いたり、その原稿を整理したりする日々を送っていたのである——。

私（大木毅《おおきたけし》）は近年、主としてドイツ軍事史に関する著書を上梓《じょうし》している。それらをご存じの読者は、その私がなぜ、畑ちがいの日本陸海軍について語るのかといぶかしく思われるかもしれない。そこで大急ぎで説明を加えておくと、アカデミック・キャリアからみれば、私の専攻は西洋史、とくにドイツ現代史なのだが、実はそれより前に、ジャーナリストとしての訓練を受けていたことがある。そして、その分野は昭和史と日本陸海軍だったのだ。

詳しい事情は本文に譲るが、当時の私は中央公論社（つまり、同社が読売グループの傘下に入り、「新社」になる前の話だ）で出していた『歴史と人物』という雑誌の編集に携わっていた。同誌はもともと月刊誌であったものの、数字的に継続が難しくなっていた。けれども、八月一五日と一二月八日に向けて、昭和史や太平洋《たいへいよう》戦争の特集を組んだ号だけは売れ行き良好だったから、年二回、そうしたテーマの「増刊」のみを発行するという変則的なかたちで続けると決まったのである。

ところが、そのような態勢だと、常設の編集部を置くわけにいかない。そこで、戦史研究家としても、知る人ぞ知る存在だった横山恵一《よこやまけいいち》『婦人公論』編集長を『歴史と人物』編集長兼任とし、太平洋戦争や日本陸海軍に詳しい社外の人間を編集助手として雇うとの方針が定まった。その横山編集長から白羽の矢を立てられたのが私であった。

このとき、横山編集長は、非常に戦史に詳しい男を使うと社内に触れ込んでいたとか。だが、当時の私の知識といえば、マニアに毛が生えた程度のものでしかなかったのだから、これは人事面の根回しの一環だったようだ。本当のところは、若い私の馬力が見込まれ、使い出があると思われたらしい。なにぶん、あのころの私は二〇代なかばにさしかかったあたりだったのだ。

それはともかくとして、編集長と私の二人だけで、年二回、三段組みで文字がぎっしり詰まった四〇〇頁ほどの雑誌をつくるのである。原稿取りや入稿指定はもちろんのこと、対談の整理やインタビューの起こしなど、編集者の仕事を一から一〇まで実地に教えてもらった。めったにない経験だったといってよい。

だが、より重要だったのは、太平洋戦争に特化した『歴史と人物』の編集に当たった二年間に、歴史の当事者に接する機会を多々得られたことであろう。そのころ、昭和六〇年代には、軍令部や連合艦隊、陸軍参謀本部などに勤務した佐官クラスの人々がまだまだ健在だったのである。

小島秀雄《こじまひでお》、小沼治夫《こぬまはるお》、林三郎《はやしさぶろう》、堀栄三《ほりえいぞう》、大井篤《おおいあつし》、千早正隆《ちはやまさたか》……。

今となっては歴史上の人物となった諸氏に、私は、編集の仕事を通じて、じかに接することができた。当然、折りに触れて、その体験談や所見を聞く機会があった。なかには、昭和六〇年代当時にはまだ公表できなかったエピソードもある。

これらの貴重な見聞を眠らせたままにしてよいものか。

三〇年あまりの時を経て、そうした思いがしだいにつのってきた。そこで、やはり『歴史と人物』の編集に協力されていた大和《やまと》ミュージアム（呉《くれ》市海事歴史科学館）館長の戸高一成氏（当時、史料調査会司書）に相談したところ、それはよい、われわれが経験したことを今のうちに話しておこうと、対談企画を進めることに快諾を得た。その一部は、一昨年の産経新聞紙上で実現している（対談「平成最後の8．15　体験者なき時代にどう戦争伝えるか」、二〇一八年八月一五日付『産経新聞』）。これをさらに深化・拡大したものを書籍として出版したいと考えていたところ、角川新書編集長の岸山征寛《きしやまゆきひろ》氏の賛同を得て、ここに角川新書の一冊として刊行されることになった。

具体的には、二〇一九年中に、戸高氏と一回あたり約半日をかけて対談し、これを三回繰り返した。十二分に余裕を持った贅沢《ぜいたく》な企画だったと思うが、談論風発、毎回あっという間に時が流れたことを記憶している。加えて、岸山編集長の巧みなリードもあり、単に帝国軍人の挿話を語り合うだけではなく、その特質や気風、さらには旧軍関係の公文書・私文書の読み方、オーラルヒストリーの意義といったテーマにまで話を進めることができたのは、望外の収穫であった。そうしたやり取りを整理した原稿に、私と戸高氏による註釈《ちゅうしゃく》を付したものが本書である。


なお、岸山編集長のアドバイスもあり、本文中に登場する人々はもはや歴史的人物であると理解し、敬語は用いていない。とはいうものの、実際に接したみなさんを呼び捨てにすることには抵抗があるため、たとえば「大井篤さん」「林三郎さん」といった表現が頻出する。これは、われわれ話者が対象に取っている心理的距離が表れたものであるので、敢《あ》えて、そのままにした。とくに歴史を研究する読者にご寛恕《かんじょ》を請うしだいだ。

また、本書で旧陸海軍や太平洋戦争の歴史に関心を抱いた初学の読者のため、ごく基本的な文献を挙げたブックガイドを巻末に付した。本書は、本文中の戸高氏の発言に示されているように、戦争を知らない世代が、より戦争を知らない世代に戦争を伝えるという難しい試みの一つであるから、そうしたブックガイドが若い層の役に立つことを望みたい。

ともあれ、かかる企画の狙いを措《お》いても、本書のための対談は、得がたい体験を語り合う、またとない機会であり、個人的には非常に楽しい仕事であった。

往時《おうじ》茫々《ぼうぼう》夢のごとし。

本書の著者校を終えたのちの、ありふれてはいるが率直な感想である。

二〇二〇年五月

大木　毅

目次

日本海軍の階級
(1941年)

将　校	大　将 中　将 少　将 大　佐 中　佐 少　佐 大　尉 中　尉 少　尉
准士官	兵曹長（兵曹長） （1942年11月以降、以下同様）
下士官	一等兵曹（上等兵曹） 二等兵曹（一等兵曹） 三等兵曹（二等兵曹）
兵	一等水兵（水兵長） 二等水兵（上等水兵） 三等水兵（一等水兵） 四等水兵（二等水兵）

日本陸軍の階級
(1941年)

将　校	大　将 中　将 少　将 大　佐 中　佐 少　佐 大　尉 中　尉 少　尉
准士官	准　尉 （1937年、「特務曹長」を改称）
下士官	曹　長 軍　曹 伍　長
兵	兵　長 （1941年、「伍長勤務上等兵」を改称） 上等兵 一等兵 二等兵

＊海軍の将校は兵科士官を示す。将校相当官である機関科は大佐までしかなく、将官になると科の区別は無くなる。昭和17年11月に、兵科、機関科は統合され、機関科士官の呼称は廃止された。
＊同時に、陸海軍間の階級呼称の混乱を避けるために、兵の階級呼称を、陸軍と揃えた。
＊海軍では1942年11月以降、(　)内に改称された。

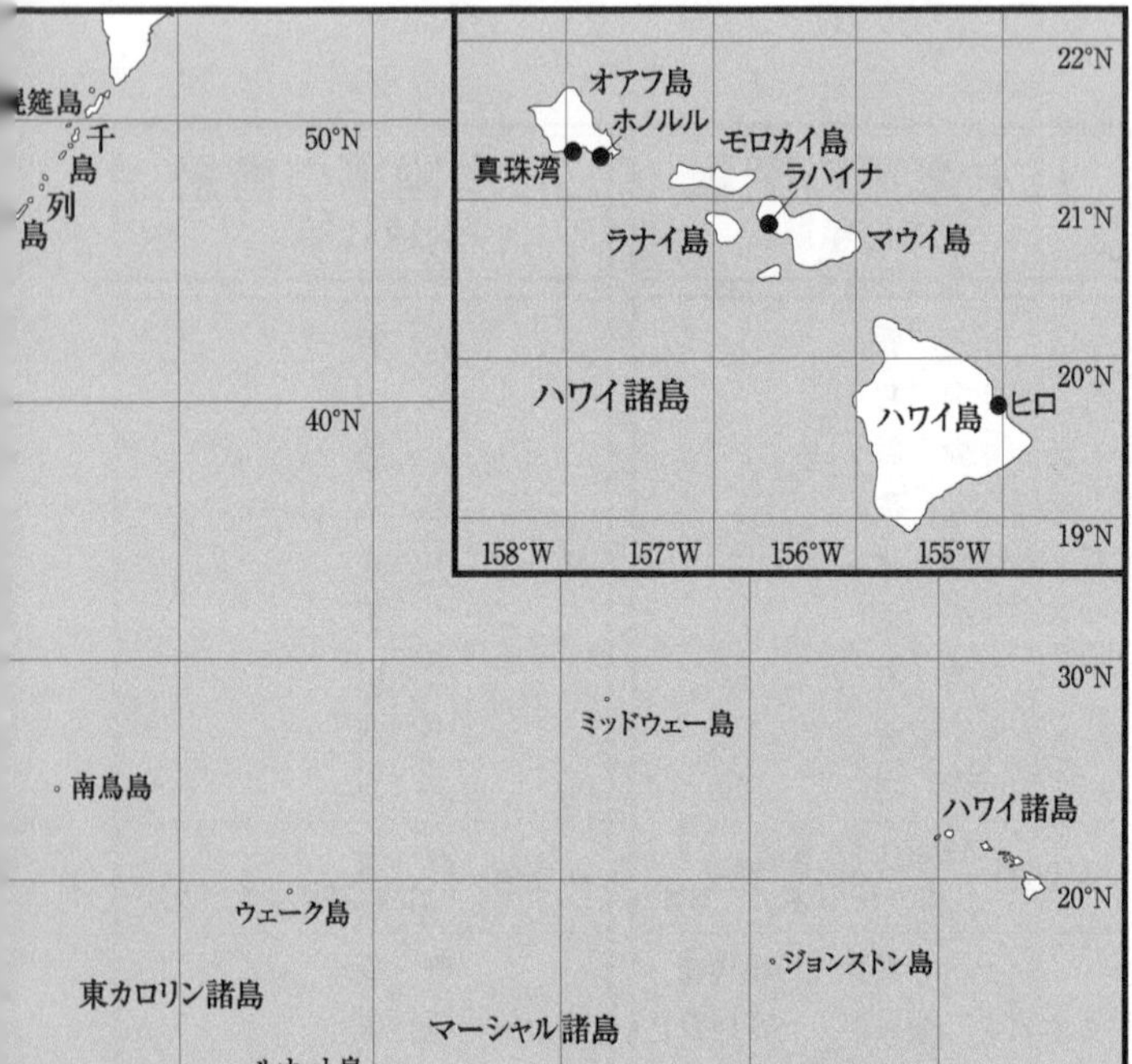

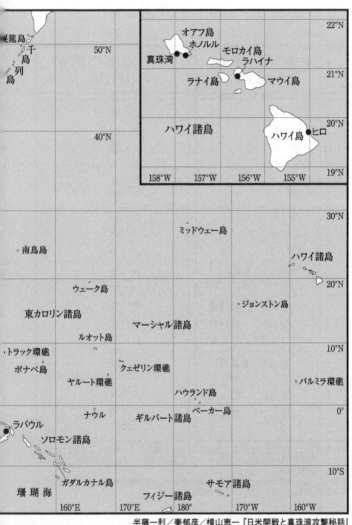

半藤一利／秦郁彦／横山恵一『日米開戦と真珠湾攻撃秘話』
（中公文庫、2013年、6〜7頁）を参照

太平洋要図
（昭和16〔1941〕年）
樺太
孫呉
満洲国
外蒙古
ウラジオストック
択捉島
牡丹江
新京
内蒙古
張鼓峯
単冠湾
奉天
清津
北京
大連
日本海
中華民国
青島
呉
東京
南京
釜山
日本
上海
漢口
杭州
重慶
東シナ海
父島
台北
昆明
小笠原諸島
広州
台湾
ビルマ
香港
ハノイ
海南島
ラングーン
タイ
仏領
インドシナ
ルソン島
サイパン島
バンコク
マリアナ諸島
マニラ
グアム島
サイゴン
フィリピン
パラワン島
南シナ海
パラオ諸島
ペナン
ミンダナオ島
クチン
メナド
シンガポール
ハルマヘラ島
ボルネオ島
スマトラ島
セレベス島
アンボン
ニューギニア島
ラエ
スラバヤ
マカッサル
ディリー
サラモア
ジャワ島
チモール島
ポートモレスビー
ポートダーウィン
100°E
110°E
120°E
130°E
140°E
150°E

凡例

人物名の注釈については、生没年、学歴、主要職歴、著書（入手しやすい新版がある場合には、そちらを記載した）などを記した。軍人については、最終階級、陸軍士官学校・海軍兵学校（それぞれ「陸士」「海兵」と略記）の期数も記した。

一次史料については「史料」、それ以外を「資料」とした。

序　章　帝国軍人との出会い

『歴史と人物』

大木　私は一九六一年、昭和三六年生まれです。私の世代で日本陸海軍のジェネラル（陸軍将官）、アドミラル（海軍将官）に会っている人間は珍しいと思います。

　このような方々に直接会うきっかけは何であったかといえば、『歴史と人物』という雑誌の編集に携わったことでした。『歴史と人物』は、読売新聞の子会社になる前、「新」が付く前の中央公論社で編集者粕谷《かすや》一希《かずき》[*1]が創刊し、月刊誌として発行されました（月刊誌としての発行期間は昭和四六年九月号から昭和五九年一二月号まで）。

　ところが、だんだん売れなくなってきて準季刊、半年に一度の発行となります（昭和六〇〈一九八五〉年以降）。月刊誌時代から三段組みで、ほとんど文字だらけの雑誌でしたが、よく売れたのです。約三〇年前の話ですが、八月一五日と一二月八日に合わせて組んだ、昭和史や太平洋《たいへいよう》戦争の特集号は五万部を刷り、ほぼ完売でした。

戸高　今では考えられない数字ですね。

大木　もう他界されてしまいましたが、季刊誌時代の編集長が横山恵一《よこやまけいいち》[*2]さんという方でした。彼はこの雑誌が本当に好きで、おおいに入れ込み、よく調べてつくっていました。

　横山さんの別の趣味が、当時の言い方では「アダルトゲーム」でした。トランプの収集から始まり、双六《すごろく》と同系統のバックギャモンやドミノといったボードゲームです。一九七〇年代から八〇年代初めにかけて、アダルトゲームが流行《はや》っていて、私も好きだったことから彼と知り合いました。そこで、「お前は太平洋戦争や戦史、軍事史に興味があるのか？」と声をかけられたわけです。

横山さんは季刊『歴史と人物』の編集長ですが、当時の本業は『婦人公論』編集長でした。肩書きは、確か「『婦人公論』編集長兼『歴史と人物』編集長」。『歴史と人物』編集部は彼しかいないため、誰か一人を雇っていいことになり、当時二二、三歳の私が雇われた。

戸高　学生でしたか？

大木　学生です。そのときに声をかけられたのが、出版の世界に関わる第一歩となりました。編集部員が一人しかいないため、私の仕事は割付から対談の整理までありました。つまり、編集の一から一〇までを横山さんに教えてもらうことになったのです。今となっては、大変感謝しています。

一九八〇年代ですから、陸海軍の将官がご存命で、さらに大佐クラスの人もごろごろいました。だから、参謀本部や連合艦隊のそれぞれの部署に勤務したことがある人に執筆してもらう企画も可能だったのです。私は若輩でしたが、そこでいっぱしの編集者として働くことになります。学校にも通っていました。その頃、戸髙さんは？

戸髙　史料調査会にいました。

大木　戸高さんは、当時すでに海軍研究のオーソリティでした。だから、横山さんは何かあると戸高さんに電話をかけたり、呼びつけたりしていましたね。「この船のマストはこれで正しいのか？」ということまで質問していました。戸高さんと私の出会いも、『歴史と人物』を通じてです。

戸高　最初、大木さんに会った時は「あ、若い」と思いましたよ。

大木　後日、戸高さんに言われたのは、「僕はね、一〇年雑巾《ぞうきん》がけをやったなあ。これからは君が雑巾をかけるんだ」という言葉です。あれからもう、三〇年余です。

財団法人史料調査会

戸高　船や飛行機を好きになったのは幼稚園の頃ですが、高校・大学の頃からは調べものにはまっていました。私には、知りたいことを聞くなら当事者に聞こうという、心臓の強いところがあり、当事者を探し、面識のない人が相手でも手紙を送ったりして、会いに行くという癖があったのです。大学生の頃からはいろいろな伝手《つて》を頼り、たとえば戦艦「大和《やまと》」のことが知りたくなったら「大和」の設計主任だった牧野茂《まきのしげる》[*3]さんに話を聞きに行きました。そのようなことをしているうちに、いろいろな縁ができたのです。

ある時、史料調査会で海軍文庫をつくるということで、大量に海軍関係資料を集めたものの、管理をする人間がいないということで、人を探していました。そこで当時の会長だった関野《せきの》英夫《ひでお》[*4]さんに「君、悪いけど、うちを手伝ってくれないか」と声をかけられた。関野さんは、終戦時は連合艦隊参謀です。もともと、私は史料調査会によく通っていたのです。平日にも顔を出していたため、よほど暇な人間だと思われたらしい（笑）。「いいですよ」と、一秒で返事をしました。それが、史料調査会で仕事をするようになったきっかけです。かれこれ一五年ほど勤め、最後の数年は財団の理事でした。

　史料調査会を設立した富岡《とみおか》定俊《さだとし》[*5]は、元軍令部の第一部長、つまり作戦部長でした。直属の上司の土肥《どひ》一夫《かずお》[*6]さんは、山本《やまもと》五十六《いそろく》[*7]の参謀だった人です。史料調査会は、出入りする人たちに、軍令部や連合艦隊の参謀などが多い場所でした。辞める頃までその状況は変わらず、元将官クラスの人たちも、よくお茶を飲みにきていたものです。

大木　その面々が揃うのは壮観ですね。

戸高　私自身は研究者ではありません。司書として、調べものの手伝いをするのが仕事でした。ただ、門前の小僧のようなもので、自然にいろいろな人からさまざまな話を聞くことになります。どれほど年配の人ばかりだったかといえば、茶飲み話に出て来る「このあいだの地震ねー」が関東大震災を指す、といった具合です。ほとんど明治生まれの人たちで、そこに唐突に昭和二三（一九四八）年生まれの私がまじっている状態でした。私は大木さんより一三歳ほど年上ですが、私の世代でもありえないぐらい、先達に直接お話を聞く機会があったと言えます。

史料調査会が海軍文庫を建てようとした時、発起人の筆頭は保科善四郎《ほしなぜんしろう》さん*8（海兵四一期、中将）でした。終戦の御前会議に出たようなおじいさんの話を聞くことができたので、ずいぶんと勉強させてもらいました。その後、戦争の時期の日本人の労苦の歴史を伝える博物館をつくることになり、九段下《くだんした》に厚生省（現・厚生労働省）管轄の「昭和館」がつくられました（一九九九年）。私はその昭和館の設立準備のために準備室に移りましたが、それまで史料調査会で働いていました。昭和館に落ち着いたころ、今度は広島の呉《くれ》から「今度建設する、海事博物館の館長として来てほしい」と言われました。その職に就き、現在は一六年目になります。

大木　もう一六年になりますか。

戸高　早いものですよね。私の場合、中将より下のクラスの人たちにはたくさん会い、話を聞かせてもらいましたが、大将にはさすがに会えませんでした。いま惜しんでいるのは、いわゆる研究という目的意識が希薄で、普通の世間話という形で彼らの話を聞いていたことです。もったいないことをしたと思います。

大木　それは私も、まったく同感です。

戸高　もう少しきちんと記録をしておけばよかった、と。

大木さんとお会いしたのは、先ほどお話があった『歴史と人物』で、「大木君がいても手が足りなくなったので、時々手伝ってくれ」と横山さんに言われたのが最初です。いいキャリアがあっても、お年のため自分では書けない、お話はできるけれど書けないという人のところへ行き、話を聞いて原稿を代筆するような仕事が多かった。誰の、とは言わないことになっています。その仕事のおかげで、珍しいシーンにめぐりあった人の話をたくさん聞けました。

最初の仕事は高松宮への挨拶だった

大木　史料調査会でのお仕事を、少し話していただけますか。

戸高　私は司書の資格を持っていました。もともと多摩美術大学で彫刻専攻だったため、ジャンルは全く違いますが、子どもの頃から古本を買うのが人生で最高の楽しみ、という変な子だったのです。はたと思いつき、三〇歳過ぎになってから鶴見大学の図書館司書の短期講座に通い、司書の資格を取りました。それも、自分の本棚の整理が目的で、就職目的ではありません。

「手伝ってくれ」と史料調査会が声を掛けてきたとき、実は、彼らは私が司書の資格を持っているとは思っていなかったようです。ところが、私が「それじゃあ」と言って履歴書を出すと、司書の資格がある。それが嬉《うれ》しくてびっくりしたようです。着任して真っ先に連れて行かれたのが、高松宮宣仁《たかまつのみやのぶひと》殿下＊9のお屋敷でした。現在、上皇様がお使いになっている所です。海軍文庫をつくる際の、寄付第一号が高松宮様だったからです。

先に述べたように、史料調査会の創立者は終戦時、海軍の作戦部長だった富岡定俊です。富岡さんは終戦時、米内光政《よないみつまさ》＊10海軍大臣に「今般の敗戦で日本海軍は消滅してしまう。しかし、海軍の歴史で残さなければいけないものもたくさんある。失敗も多かったけれど残すべきものも多い」と提言をしました。そこで、米内大臣から「君、海軍の歴史を残す組織を戦後につくってくれ」と言われたことで戦後につくった研究財団が、史料調査会でした。

高松宮様は、富岡さんの部下で軍令部員だったのです。そのため、史料調査会発足以後も、いろいろな形で支援してくれました。

発足当初、「この海軍文庫は、専門の資格を持った司書にきちんと管理をさせます」と高松宮様に富岡さんは言っていたものの、ギャラを払って司書を雇える環境が何年経っても整わずにいて困っていた。そこへたまたま、司書の資格を持つ私が見つかり、良かった良かったということで、高輪《たかなわ》にある御殿に真っ先に連れて行かれ、私は挨拶《あいさつ》をしました。

目の前で挨拶をすると、接触せんばかりに顔を近づけてきて、ジーッと私を見て、ウーンとため息をつき、「若いねえ」と言いました。私も三〇歳そこそこですから。その後に、「僕らはみんなジジイだから、若い人に頑張ってもらわなきゃ」と言われたのが、史料調査会での最初の仕事の思い出です。

「生き字引」そのもののような人

戸髙 次に挨拶に行ったのが、海軍文庫設立メンバーのトップだった保科善四郎さんです。当時、すでに九〇歳に近かったはずです。そのあとは海軍関係ということで、防衛庁（現・防衛省）戦史部に挨拶に行きました。戦史部に小山《こやま》さんという、終戦後に、防衛庁の戦史室ができてからずっと在籍している、超古参の図書係のおじさんがいました。

大木 ああ、懐かしいです。小山さんにはよく、ペンネームの「伊達久《だてひさし》」で『歴史と人物』にも書いてもらいました。

戸髙 彼は終戦直後、富岡さんが第二復員省史実調査部廃止後に、史料調査会をつくった時からいらして、防衛庁ができたのでそちらへ移った人で、直接の先輩に当たる人でした。史資料が全部頭に入っていて、「こういうことは？」と尋ねると即座に、「ああ、それはあれに載ってる」「これに載ってる、ちょっと待ってなさい」と、生き字引そのもののような人でした。

大木　実はとても怖い人でしたよね。

戸高　はい、ちょっと怖い。研究者にもちょっと怖がられていました。

大木　私も横山編集長に挨拶回りに連れて行かれました。横山さんはきちんとした人だったので、菓子折などを持って伺い、「うちの小僧さんです、よろしくお願いします」と挨拶をする。そのおかげで、小山さんともスムーズにいったと思っています。

戸高　私は「ふーん、後輩か」と、優しく接してもらいました。

大木　高松宮との関連でいうと、横山さんとのご縁もありました。後年、中央公論社が『高松宮日記』（全八巻、一九九五〜九七年）を刊行したときに編集を担当したのが横山さんだったのです。この書物編集の専門の部署がつくられた。

戸高　中央公論社の社内にパーティションで一区画を区切り、そこでつくっていましたね。

大木　『高松宮日記』刊行の頃には、『歴史と人物』はなくなっていましたが、我々は子分だから夜中に横山さんから電話がかかってくる。

戸高　ええ。時間などお構いなしにね。

大木　そうです。「『高松宮日記』のなかに、この時、ドイツ船が拿捕《だほ》されたみたいな記述が出てくるが、この船の名前は何ていうんだ。調べろ」などと。

戸高　コアな研究者や調査に没頭する人は、世の中の常識は関係ない。調べものでカリカリして来ると、午前零時でも一時でも、平気で電話をかけてきます。秦郁彦《はたいくひこ》さんもそう。*11

大木　秦先生は電話魔ですから（笑）。

戸高　昔は夜中に平気で電話をかけてきて、「戸髙君、今、これを調べていて引っかかったんだよ。何かわからんかね？」と。「寝ております」と言うわけにはいかないため、手元で調べてわかれば返事をし、わからなければ「すみません」という。社会常識と遠い、研究一筋の世界で生きている人たちですね。

大木　小山さんも亡くなってしまいましたが……。とにかく横山恵一さんは「中央公論社一の完全主義者」というあだ名でした。

戸高　私は小山さんたちへの挨拶を済ませ、史料調査会での仕事を始めたわけです。場所は、目黒《めぐろ》の元海軍大学校の建物の一棟を払い下げてもらったところです。

四日間かけた「出張校正」

戸高　当時、活字の校正は今とはまったく違い、修正で新たに一字を置くと、次のページまで一気に組版がずれてしまいます。だから、必ずそのページ内で字数を調整し、ケリをつけなければいけません。横山さんは活版独特の約束事について、たいへん細かい人でした。

大木　あの頃に教わった通りに編集作業をすると、確かに誤植はつぶせると思います。誤記も消せると思いますが、横山さんのレベルで行うのはなかなか難しい。

戸高　途中で、活版から写植の時代に変わりましたし。夜中に泊まり込みましたね。

大木　共同印刷です。

戸高　責了時、明け方ぐらいになると、印刷所の職員もみな帰ってしまっている。そこで誤植が出ると、組み直してくれる職員がいないから、さすがに困る。そこで、写植の切り屑《くず》を集め、偏と旁《つくり》をカッターナイフで切って、私は字をつくりましたよ。「君、うまいね～っ」と横山さんに褒められたことがあります。

大木　今では死語になりかかっていますが、あの頃は「出張校正」をしていました。四日ほどかかりましたが、共同印刷の出張校正室に戸高さんや秦先生がやって来る。みんなでチェックをしていくわけです。「すごい光景だな」と思いました。そして、上手に経費を工面して、「今日は鰻《うなぎ》にするかね、それとも寿司《すし》にするかね」と、横山さんが言いながらふるまっていた。

戸高　横山さんはなかなか口のおごった人でしたから。

大木　終電がなくなっても、あの頃の会社にはお金がありました。午前二時、三時になると、タクシーチケットで秦先生たちには帰宅していただきました。横山さんと私だけは残りましたが。

朝になると、工員さんたちが出て来るのでゲラを戻す。共同印刷の食堂は朝も営業していますから、私はそこで朝食を済ませ、寝るために自宅に帰っていました。共同印刷の風呂《ふろ》にも入ったことがあります。

戸高　大木さんは風呂好きだから、年中入っていた印象がありますよ。校正中にいないな、と思うと顔から湯気を出して帰ってくるから。

大木　あそこには大きな共同風呂があったんです。風呂好きとしては非常に良かった（笑）。

戸高　そのような環境で勉強させてもらった、ということです。

大木　確かに、勉強させてもらった上にお金までもらってしまったようなところがあります。

戸高　それは本当ですね。まっさらな自分が、いきなりいろいろな人に「話を聞かせてください」と言っても、なかなか聞いてもらえません。仕事で頼むからお話を聞ける、という面があるわけです。それなりにギャラも払うわけですし。だから、普通の学者が自分の研究のためにアポを取ってお願いして話を聞くのとは、桁違《けたちが》いのペースで多くの人に会えました。こういう仕事をしてきた人間の、一番のメリットはこれだと思います。

大木　今だったら、例えば科研費（科学研究費助成事業）を取って三年がかりでする仕事を、半年ほどでしていたのですから。

海軍は吉川英治に大東亜戦史を書かせようとした

戸高　戦争が終わると、その歴史は軍令部が編纂《へんさん》する。それが海軍の伝統です。陸軍だと、歴史編纂は参謀本部。負けようと勝とうと戦史はつくります。戦争は役所、国家事業ですから。

　ところが、戦後に海軍省は「第二復員省（二復）」という名称に変わり、その中に史実調査部という部署をつくって、編纂作業を始めようとしたら、どんどん予算がなくなった。歴史部だけが、史料調査会という形で外へ出ることになります。富岡さんも、最初は二復の史実調査部にいました。そこに、昭和三〇～四〇年代に海軍ものの歴史的著作を発表するような人たち――千早正隆《ちはやまさたか》さん[*12]、奥宮正武《おくみやまさたけ》さん[*13]ら――がみんないたわけです。

大木　ちなみに、海軍が一般向けに出版する大東亜《だいとうあ》戦史は、吉川英治《よしかわえいじ》[*14]に依嘱して公刊しようとしましたね。

戸高　その通りです。終戦直後、一般向けに企画されました。品川《しながわ》に開東閣《かいとうかく》という、三菱のゲストハウスがあります。お城、宮殿のような建物ですが、そこで吉川英治に書かせようとしたわけです。ところが、途中で予算が尽き、計画が崩れました。占領軍のソヴィエト代表部が、日本が日本戦史を編纂することに反対したことも、計画が流れた一因です。ただ、終戦直後とは言いながら、史料を集める力があったのは、かつて海軍省に関係していた人間が、残存一次史料に当たることができたからです。戦後の海軍戦史にかかわる研究者やライターは、そこから育った面があります。

大木　その史料調査の部署、つまり史料調査会は社団法人でしたか。

戸高　財団法人です。昭和二一（一九四六）年だから、戦後の日本でも相当古い財団法人になります。七年ほど前に解散しました。

大木　史料調査会のあった場所は、目黒の海軍大学校の焼け残りの建物でしょう？

戸高　いえ、入って右側に厚生省の予防衛生研究所という大きな建物がありました。あれが海軍大学校でしたが、今はなくなっています。同じ敷地にあった海軍大学校の化学実験別棟を丸ごと払い下げてもらい、史料調査会はそこに入っていたのです。

大木　そこに、「ラッタル」（軍艦の階段、梯子《はしご》のようなもの）ほど急ではないものの、かなり角度が急な階段がありましたね。

戸高　臨時につけたような階段です。

大木　まるで、大きな軍艦の艦橋にのぼっていく感じがしたのを覚えています。当時は若かったからのぼれましたが、今駆け上がれといわれたら辛《つら》い。のぼっていった二階が史料調査会でした。

部屋に入ると、海軍大学校の、それこそ山本五十六や小沢《おざわ》治三郎《じさぶろう》が講演した講壇があり、そこにいろいろな人たちがたむろしている。海軍の紋章は一般的には「錨《いかり》に抱き茗荷《みょうが》」ですが、テーブルに付いたその紋章部分は削って、「史調」（史料調査会）という文字が彫ってありました。

戸髙　あのテーブルは海軍の遺品ということで、海上自衛隊の幹部学校に寄付したのです。幹部学校では、削った抱き茗荷の紋章は、プロがつくったものを嵌《は》め込んで復元したので、今はきちんとしているはずです。

大木　当時の「史料調査会」の文字は、やはり戸髙さんが彫った？

戸髙　あれは、富岡さんが彫ったんです。

大木　エエッ、そうでしたか。

戸髙　史料調査会の隣には、大きい体育館のような場所に海軍大学校で学生が図上演習をしていた講堂があり、そこで真珠湾《しんじゅわん》攻撃の図上演習などは行われていたのです。そこも戦後には払い下げられ、日映新社が使っていました。

一般の人は滅多に来ない場所

大木　「君、史料調査会の海軍文庫に行ってこい」と横山さんに言われて行ったところ、窓口で「この人に世話になりなさい」と言われました。「この人」が戸髙さんでした。それが最初の出会いですが、あのときの戸高さんは四〇歳ぐらいだったのでしょうか。

戸高　もっと若い、やっと三〇代半ばです。大木さんが、二二〜二三歳の頃ですから、私は三五〜三六歳です。

大木　その時、戸高さんは史料を整理していました。ホコリまみれの史料だったから、戸高さんは作業服か何かを着ている。戸高さんが「君、最近、どんな本を読んでるの？」と私に訊《き》いてきました。我々のような人種は、相手がどれくらいかをその質問で探り合うものだから、うかつな答えをすると「だめだな、こいつは」となる。二〇世紀初めに出た、ウィルソンの〝Battleships in Action〟[15]という、戦艦同士の海戦について書かれた、基本的な文献があります。それを読んでいますと答えたら、どうも合格したらしい（笑）。

戸高　当時、古本でもなかなかありませんでした。あれより一つ古いものに、〝Ironclads in Action〟[16]という本があります。まめな人は読みますが、いま読む人はいないでしょうね。

大木　それは洋書で読まれていたのですか？　それとも、旧海軍が訳したものがあった？

戸高　私は語学はだめだから、通読する力はありませんよ。必要なところだけを、ほんの少し読むだけです。私の語学力は基本的に弱い。当時は基本的な史料がなかなか無く、洋書でも手に入りにくい時代でした。当時、ロンドンの古本屋で買い物をするのには、目録が来て、これとこれがほしいから押さえておいてほしいという手紙を出したものです。そうすると、

「では一か月押さえておきます」「これとこれはありますよ」といった手紙が返ってくるので、それから国際送金為替《かわせ》をつくって送っていたので、本を買うのに何か月もかかっていました。
そのようななか、海軍大学校で所有していた戦前の本はそのまま史料調査会にあった。立派なコレクションでした。

大木　当時、〝Battleships in Action〟は自分で苦労して手に入れたものです。あれは海軍大学校が教科書に使うつもりだったようですね。後で史料調査会の所蔵書を見せていただいたとき、同じ本が何冊も入っていることがわかりましたから。

戸高　海大の生徒みんなに見せるために、A・T・マハン*17（アメリカの歴史家・海軍軍人）の〝Naval Strategy〟*18などは二〇冊ほどありました。勉強するには良い環境でした。ただ、特殊な場所なので、一般の人は滅多に来ません。誰かに紹介された人だけが、かろうじて気づいて来る状態でした。
現在、東大教授の鈴木淳《すずきじゅん》*19さんも、東大二年生ぐらいの頃に来ていましたね。

大木　一年ぐらい、隔月で海軍文庫の機関誌*20を出版された時期がありましたよね。

戸高　一〇冊ぐらい出しました。
史料調査会は、少なくとも海軍の将官クラス、佐官クラスの一種のサロンになっていました。あれがなかったら、本当に人が集まらなかったと思います。

大木　面白かったです。私が仕事のお使いに行き、昼食時になると「君もランチを食うかね」と声をかけられるわけです。今でも覚えているのは、三〇〇円の仕出しのランチをお歴々とともに囲んだことです。世が世であれば、連合艦隊参謀や軍令部〇〇部長といった方々と一緒なわけですから、若輩の身としては緊張もしたものです。

戸高　当時はみんな、おとなしいおじいさんになってましたから。そういう時に話をすると、構えずにしゃべってくれるから面白いですね。聞くほうもズケズケ聞けたものです。

＊1　粕谷一希　一九三〇～二〇一四年。編集者・評論家。一九五五年、東京大学法学部を卒業後、中央公論社（現・中央公論新社）に入社、『中央公論』編集長、『歴史と人物』編集長などを務める。『戦後思潮　知識人たちの肖像』（日本経済新聞社、一九八一年）など、著書多数。

＊2　横山恵一　一九三二～二〇一三年。編集者・戦史研究家。東京教育大学文学部卒、中央公論社（現・中央公論新社）に入社、『歴史と人物』編集長、『婦人公論』編集長、『高松宮日記』編集室長等。著書に『名言・迷言で読む太平洋戦争史』（PHP研究所、二〇一四年）がある。

＊3　牧野茂　一九〇二～一九九六年。海軍技術大佐。一九二二年に東京帝国大学工学部船舶工学科に入学ののち、海軍造船学生に採用される。以後、海軍技術将校として、戦艦「大和」ほか多数の艦船の設

計に携わる。著書に『牧野茂艦船ノート』（出版共同社、一九八七年）など。

＊4　関野英夫　一九一〇〜一九九四年。海軍中佐。海兵五七期。第二航空艦隊参謀、連合艦隊参謀など。戦後、史料調査会会長として、軍事評論を行う。『ソ連が日本を侵略する日』（国際商業出版、一九七九年）、デイヴィッド・トーマス『スラバヤ沖海戦』（早川書房、一九六九年）など、著書・訳書多数。

＊5　富岡定俊　一八九七〜一九七〇年。海軍少将。海兵四五期。南東方面艦隊参謀長、軍令部第一部長など。戦後は史料調査会理事長。著書に『開戦と終戦』（中公文庫、二〇一八年）。

＊6　土肥一夫　一九〇六〜一九八八年。海軍中佐。海兵五四期。連合艦隊参謀兼副官、軍令部第一部第一課勤務など。

＊7　山本五十六　一八八四〜一九四三年。元帥・海軍大将。海兵三二期。航空本部長、海軍次官、連合艦隊司令長官など。太平洋戦争前半で連合艦隊を指揮するも、一九四三年四月、ソロモン上空で乗機を撃墜され、戦死。国葬に付せられた。

＊8　保科善四郎　一八九一〜一九九一年。海軍中将。海兵四一期。巡洋艦「鳥海」艦長、戦艦「陸奥」艦長、軍務局長などを歴任。戦後、衆議院議員。著書に『大東亜戦争秘史』（原書房、一九七五年）など。

＊9　高松宮宣仁親王　一九〇五〜一九八七年。海軍大佐。海兵五二期。戦艦「比叡《ひえい》」砲術長、軍令部第一部第一課勤務、横須賀海軍砲術学校教頭等。日記が『高松宮日記』（全八巻、中央公論社、一九九五〜一九九七年）として出版されている。

＊10　米内光政　一八八〇〜一九四八年。海軍大将。海兵二九期。横須賀鎮守府司令長官、連合艦隊司令

長官、海軍大臣、首相等を務めた。

＊11　秦郁彦　一九三二年〜。歴史家。一九五六年、東京大学法学部卒業。大蔵省（現財務省）に入省。退官後、拓殖大学、千葉大学、日本大学の教授を歴任。昭和史の権威として知られ、『日中戦争史』（河出書房新社、一九六一年）など著書多数。

＊12　千早正隆　一九一〇〜二〇〇五年。海軍中佐。海兵五八期。第四南遣艦隊参謀、連合艦隊参謀など。戦後は、GHQ歴史課、史実調査部を経て、東京ニュース通信社勤務。『日本海軍の戦略発想』（プレジデント社、一九八二年）など著書多数。

＊13　奥宮正武　一九〇九〜二〇〇七年。海軍中佐。海兵五八期。第二航空戦隊参謀、第二五航空戦隊参謀、軍令部第一部第一課勤務。戦後、航空自衛隊に入り、第三航空団司令などを経て、空将で退官。『ラバウル海軍航空隊』（朝日ソノラマ、一九七六年）など著書多数。

＊14　吉川英治　一八九二〜一九六二年。国民作家として知られた小説家。代表作『宮本武蔵』ほか作品多数。

＊15　〝Battleships in Action〟　Herbert Wrigley Wilson, *Battleships in Action*, London, 1919.

＊16　〝Ironclads in Action〟　Herbert Wrigley Wilson, *Ironclads in Action*, London, 1896.

＊17　A・T・マハン　アルフレッド・セイヤー・マハン。一八四〇〜一九一四年。アメリカの海軍軍人、歴史家、戦略思想家。「シーパワー」の重要性を唱え、秋山真之《あきやまさねゆき》や佐藤鉄太郎《さとうてつたろう》など日本海軍の戦略家たちにも影響を与えた。『マハン海上権力史論』（北村謙一訳、原書房、二〇〇八年）など、その著作は多数邦訳出版されている。

＊18　"Naval Strategy"　Alfred Thayer Mahan, *Naval Strategy Compared and Contrasted with the Principles and Practice of Military Operations on Land*, Boston, 1911. アルフレッド・セイヤー・マハン『マハン海軍戦略』（井伊順彦訳、戸高一成監訳、中央公論新社、二〇〇五年）。

＊19　鈴木淳　一九六二年〜。歴史家。一九八六年、東京大学文学部卒業。東京大学大学院教授。『明治の機械工業』（ミネルヴァ書房、一九九六年）などの著書がある。

＊20　海軍文庫の機関誌「海軍文庫月報」　海軍文庫主管であった土肥一夫氏の希望で、海軍文庫の広報と、蔵書の概要目録を連載するために一九八〇年に創刊した。一九八二年に至り、海軍文庫を東郷神社内に移転することとなり、移転作業のために一二号で休刊したが、移転は中止となった。

第一章　作戦系と情報系

——陸軍編1

陸軍は一枚岩ではない

大木　私が最初にかかわった『歴史と人物』では、「参謀本部と太平洋戦争《たいへいようせんそう》」という特集を組みました。

参謀本部には、作戦課や編制課（軍事用語として「編制」と「編成」は使い分けられる。「編制」は、軍令に規定された、永続性を有する組織を言う。便宜的にはおおむね名詞として使われる。それに対して「編成」は、ある目的のため、所定の編制をとらせること、あるいは、臨時に部隊などを編合組成することをいい、動詞として用いられることが多い）など、いくつも部課がありまず。その各課に在籍し、実際にそこで仕事をした元参謀に手記を書いてもらおうという企画です。元陸軍軍人の元締め的存在であった加登川幸太郎《かとがわこうたろう》*1さんにも書いてもらいました。陸軍省に勤務したり、方面軍の参謀に任ぜられたバリバリのエリートで、戦後は日本テレビに入って編成局長になった人物です。その加登川さんには、総論としての参謀本部論を書いてもらいました。他に、戦後は自衛隊に入って陸将補までいき、戦史・軍事史の大家だった森松《もりまつ》俊夫《としお》*2さんにも、制度組織の変遷について書いてもらいました。

このような特集を編むなかで思ったのは、陸軍は一枚岩ではない、ということです。一方、海軍は、良かれ悪しかれ世帯が小さい分、一枚岩だと思います。

戸高　確かにそうです。海軍は本当に所帯が小さい。

大木　戦後の話ですが、例えばボスである○○さんが亡くなると、次は▽▽さん……と海軍は指導者的存在が移っていきました。私たちが『歴史と人物』に関係していた頃は、大井《おおい》篤《あつし》*3さんと千《ち》早正隆《はやまさたか》さんが海軍ライターの二枚看板で、両巨頭として海軍を仕切っているような感じでした。

ところが陸軍は違う。海軍の誰かが「陸軍はヤマタノオロチだ」と言った、という話があります。陸軍は世帯が大きいこともあり、一枚岩などではない、ということです。派閥も多い。

例えば「よし、派閥Aを叩《たた》くぞ」と派閥Bの誰かが証言をすると、派閥Aの誰かが「Bのあいつは気に食わん。本当はこうだろう」と証言をする。陸軍の人は互いに言い合っていたために、結果的にいろいろな事実が明るみに出た。

私が一番感じたのは、服部卓四郎《はっとりたくしろう》*4や辻政信《つじまさのぶ》*5といった作戦系の人と情報系の人は、同じ陸軍参謀といっても肌合いがまったく違う、ということです。

軍事官僚が行った証言のメイキング

大木　小沼治夫《こぬまはるお》*6さんという人がいます。ノモンハン事件の研究委員を務め、陸軍少将までいきました。大岡昇平《おおおかしょうへい》*7の『レイテ戦記』にも、フィリピンの第一四方面軍参謀副長で、大変厳しい作戦指導を行った人として登場します。小沼さんは戦後に零落し、電通の守衛か何かをしていたときにそこの社長に見出《みいだ》された。「ミニ瀬島龍三《せじまりゅうぞう》＊8」といえるでしょうか。

戦後、偉くなったこの人のところに、我々は「記事を書いてもらおう」と、会いに行きました。すると、「私はもう歳だから、自分で書くのは大変だ。話を聞いた君たちがまとめて、私の名前で出してくれ」という。そこで、横山編集長と私が、当時の参謀本部戦史・戦略戦術課のことなどについていろいろ聞いているうちに、小沼少将は感極まってきた。「私はね、比島《ひとう》（フィリピン）で、戦車一個師団を潰《つぶ》した悪党ですから」と言って、ぽろぽろと落涙するのです。実際に、彼の計画によって戦車第二師団が全滅している。ベテラン編集の横山さんもホロリと来て、「いろいろあるんだね」という話を私としたものです。

さて、社に戻り、聞いた話をもとに原稿にまとめ、それを小沼さんにお見せするとご立腹です。「私の真意が伝わっとらん。これならしょうがない。私が自分で書く」と。

戸髙　最初からそう言いなさいよ、だね。

大木　我々は実際、はらはらと落涙したところを見ているので、反省や自分に対する呵責《かしゃく》の念に満ちた原稿がくると思っていたのです。

戸髙　部下やご遺族に対する思いがあふれ出るようなものですね。

大木　ええ。ところが、そんなことはまったくなかった。自分は、断固取るべき作戦を取ってきたんだ、という内容の原稿が送られてきたのです。原稿はこのような調子です。

ガダルカナル島の奪回作戦では制空制海権の関係上、近代戦で高唱した攻撃戦力を揚陸せしめ得ず、特に餓死者を生ぜしめたのは遺憾だが、持久戦および撤退作戦では敢闘よく、将兵死闘の目的を達成し、また比島の天王山と称せられた第十四方面軍の持久作戦では、バレテ、サラクサク戦[*9]で私の転任離島まで持久し、若干なりと近代戦なるものを戦史に残し得たことは、私の感謝に堪えざるところである。

あの涙は何だったんだ、と思いました。ほかにも同様の経験はあり、「軍人は軍事官僚でもある。だから、作戦系の人は基本的に陸海を問わず、自分のミスを公の場では認めないのだな」と思いました。

戸高　官僚というのは、まさにその通りです。

大木　あの涙が嘘だったとは思いたくありませんが、いざ、公の場になると自分の心もメイキングしてしまうし、間違いを認めない。

小沼さんだけでなく、参謀将校は、今でいえば国家公務員試験を一番で受かり、財務省入りして「このまま次官までいくぞ！」という勢いの人たちです。間違いを認めないことが習い性になっている。だから、この人たちの話をうかつに鵜呑《うの》みにすると大変なことになるな、と思いました。

林三郎は作戦課に恨み骨髄だった

大木　情報系の人は、また肌合いが違います。林三郎《はやしさぶろう》さん[*10]は情報将校で、参謀本部ロシア課で対ソ情報戦に携わっていた人です。『共産主義的人間』などの著作で知られる評論家、林《はやし》達夫《たつお》の弟でもあり、終戦時の阿南惟幾《あなみこれちか》[*11]陸軍大臣の副官を務めた。聞き手が半藤一利《はんどうかずとし》[*12]さんで、横山さんと私が横に控える形で話を聞きました。

戸髙　史料調査会の海軍文庫にも、林さんは見えましたよ。

大木　鶴のように痩《や》せた人で、白髪。

戸髙　林さんに会った時は、大井篤さんの陸軍版、という印象を持ちました。

大木　これは後で述べることの伏線にもなりますが、林さんは本当に仙人みたいな外見の人です。私が会った陸海軍人の参謀と呼ばれる人の中で、大井篤さんも大変頭の切れる人でしたが、一番頭が良いと思ったのは林三郎さんです。

戸髙　大学教授のような風貌《ふうぼう》で、話もきちんと筋が通る。

大木　はい。当時すでに八〇歳を超えていたはずですが、話す内容が明晰《めいせき》で、論理立っていました。この林さんが、作戦課の人たちに対して、恨み骨髄なのです。「俺たちがこんなに苦労して分析して、判断しているのに、作戦の連中は言うことを聞きやしない」と。

林さんは在外勤務の経験も豊富でした。だいたい、ロシア課の人は参謀本部のロシア課勤務、それに駐在武官や特務機関などで満洲《まんしゅう》やソ連での在外勤務を経て、情報将校になっていた。林さんは、ノモンハン事件についても不満を漏らしていました。彼に言わせれば、「作戦の連中は、当時の陸軍の常識に縛られ、鉄道端末からの距離を考えれば、ソ連軍はたいして兵力を集められないと判断した。しかし我々は、日頃からきちんとソ連軍のトラック輸送能力などを調べていた。それらを報告しているのに、あいつらは言うことを聞かなかった」と。

昭和一六（一九四一）年にドイツがソ連に攻め入り、日本も参戦するかどうか、独ソ戦への判断が重要になった時があります。当時、参謀本部のロシア課課長は磯村武亮《いそむらたけすけ》*13――NHKキャスターだった磯村尚徳《ひさのり》*14のお父さん――です。その磯村が、独ソ戦は短期戦では終わらないという判断をしました。正しい判断でしたが、ロシア課の人に聞いた話によると、課長は磯村だが、実際にその判断の中心になったのは、彼の下で班長をしていた林さんだったそうです。

ところが、その林さんの言うことを、作戦系の人は聞かない。林さんだけではありません。

林さんの先輩に当たる情報系の土居明夫《どいあきお》が[*15]作戦課長になったことがあります。しかし、土居さんが「やれ」と言っても作戦系の部下たちは軽侮して、言うことを聞かないと言うのです。

戸高　ひどい話だよね。

大木　ええ。陸軍の中でも作戦系と情報系は一枚岩ではなく、互いに確執があることがわかったものです。

日本陸海軍は血みどろになる勝利でないと認めない

戸高　海軍も同様です。日本の海軍も陸軍も情報を軽視します。作戦系の人間はエリートで、いいところで仕事が無かった人や、体をこわした人が通信や情報に行く、といったような所もありました。作戦系は、ポジションはいいけれど、情報系の人たちの話をあまり聞かないところがある。

林さんも、日本陸軍の最大の失敗は独ソ戦の行き先を見誤ったことだ、と言っていました。陸軍はドイツが勝つという前提ですべてをプログラムし、対米戦争でも「ドイツが勝つから、あちらは大丈夫。アメリカと戦うことになっても任せとけ」という気持ちになったと。もしドイツが崩れるとわかっていれば、さすがの日本陸軍も、対米戦争など無理だと言ったはずです。

大木　林さんは、こうもいっていました。「理屈が立たないから、日米戦争はやらないだろうと思っていた」と。

戸高　頭の良い人が陥る陥穽《かんせい》です。ところが、やってしまう人がいる。日本の戦争がらみの歴史で特に重要なのは、どう見ても対米戦争決議に絡んだ問題です。林さんのような情報系の人は、戦後も忸怩《じくじ》たる思いを長く引きずっていたと思います。

大木　林さんは、ぽろりと「作戦系の連中は情報系より程度が低かったんじゃないか」と、きついことを言っていました。誌面には載せられなかった言葉です。

戸高　作戦系の人間は、ダイレクトに戦うことに関して脳みそを使う。情報系の人は、純粋に頭脳で勝負をするという世界だから、腕力勝負の人たちが少し頼りなく、危なく思えるわけです。

大木　もう一つ印象に残っているのは、「どうも日本陸海軍は、スマートに勝つことをあまり認めない」といっていたことです。情報系の人だから、素直にそう話されたのかもしれません。迂回《うかい》機動をしたり、相手の虚を突いたりして自分の損害を少なくし、要地を占領することで相手の部隊を潰すような勝ち方を評価しない。血みどろになって死傷者を出しながら勝つことを良しとする、と。

戸高　二百三高地《にひゃくさんこうち》の世界です。

大木　まさにそうです。「突撃して勝たないと、戦功を挙げた、功績を挙げたとは認めないところがあったのではないでしょうか」と聞きました。私も若い頃からだいぶ心臓が強かったので（笑）。すると、林さんが「そういうところがあったかもしれんなあ」と言う。情報将校で、陸軍一の知性である林さんでも、突撃して勝たないと、と感じていたのだろうか、と思ったものです。

戸高　情報を出すほうも、あまりネガティブな情報を出すと、出した人間が排除される傾向がある。例えば、駐独武官は独ソ戦の初期に戦地から戻ってきた指揮官らの話を聞いて、ドイツは相当大変だ、とても戦えないということがわかる。それでも、中央に報告せずに「ちょっと待て」と言って止めてしまう。陸軍は全体としてドイツ優勢という前提で動いているから、発信元で、ドイツが危ないというニュースを止めてしまう。それが本当によくない。

日本最大の欠点は敗戦の経験がなかったこと

大木　ドイツの対英戦、英本土航空戦*16の時に、駐英武官補佐官だった海軍の源田実《げんだみのる》*17も、イギリスはそう簡単に参らない、と言っていましたね。

戸高　そうです。現場にいた人間は、ドイツ軍を見て「ドーバー海峡を越えられるような軍備を持っていない」と、みんな言う。しかし、それを中央が納得しない。もう少ししたらドイツはイギリスに上陸し、イギリスはすぐ負けるんだと返す。

大木　イギリスが制海権と制空権を維持するのは無理だからと言う。

戸高　ところが、ドイツはドーバーを越えなければいけないのに、小さい船しか持っていません。

大木　ライン川の、底の浅い平船のようなものまで総動員して集めたほどです。

戸高　海軍の人間から見れば、とてもドーバーは渡れないと思う。だから現場は「絶対にドーバーを渡れませんよ」といっているのに、「いや、ドイツは勝てる」という方向で、流れができてしまう。

大木　日本の軍人がいわゆる「名将」を評価する際、実は、必ずしも戦争がうまいかどうかで決めていないところがあります。

阿南惟幾が軍司令官として長沙《ちょうさ》作戦[*18]をした時のことです。勢い良く突進したのはいいけれど、損害が大きく、持ちこたえられずに撤退してしまった。それでも、指揮ではなく統率、部下に言うことを聞かせる、心服せしめる点で優れた人だと評価されます。終戦時の陸軍大臣である阿南さんに、部下がみんな心服していたというのです。これは、後世の我々にはわかりにくいところです。

戸高　日本の社会全体がそうで、実際の戦績よりも人格を重視するところがあります。人格というか、軍人であれば軍人らしさです。実際に戦争をして勝つかどうかのほうが、本当は大切なのに、人当たりがよくて人格高潔な人が評価される。阿南さんは、その点では最後の瞬間まで期待に応《こた》えた人だった。当時は、最期は腹を切るのが正しいという価値観の世です。終戦時に割腹自殺をしたことで、阿南さんの評価は全うされたことになります。

大木　ただ、理性の人である林三郎さんは、阿南さんという人がよくわからなかった、といっていました。阿南陸相はある時期まで終戦に反対していましたが、最後には同意します。その変化について、林さんは、降伏するか、本土決戦に突入するかの両者のあいだで迷っていたとの説を取っていました。

戸高　終戦の詔勅の文言に異議を唱えたりしていますしね。錯乱した、という可能性もあるのでしょう。日本の軍人は、敗戦の経験がないから、負ける時にどうしていいかわからない。これは意外と大きな問題で、日本の最大の欠点は、敗戦の経験がなかったことです。前例がないことに対して、どうしていいのかわからなかった。陸海軍ともに同じです。

諜報合戦の経験者、浅井勇

大木　林さんと同じロシア課の人に、浅井勇《あさいいさむ》さん*19がいました。

戸高　浅井さんは面白い人でした。浅井さんの内地での仕事が何だったかはよくわかりませんが、私は中国大陸での諜報《ちようほう》活動を聞いたことがあります。

大木 その話、聞かせてください。

戸髙 中国大陸ではスパイ合戦をしていたようなところがあり、日本側からも諜報員を入れていました。もちろん、中国側からの諜報員も日本軍の勢力地域に来ている。中国の諜報員は顔も日本人と似ているので、なかなか見分けがつかない。特に、日本で生まれ、日本で育った中国人が諜報員になった場合は、よくわからない。

見分けるために、例えばどういう動作や習慣が鍵《かぎ》になるのか。一番わかりやすかったのは顔の洗い方だったそうです。手を動かして顔を洗うのが日本人、顔のほうを動かすのが中国人だと。また、中国人は生卵を食べないから、生卵を無理やり飲まそうとすると、それだけで駄目な人はすぐ折れた、といいます。それからヨーロッパ、西欧系とロシア系では四つ穴のボタンの糸のかけ方が違うと。習慣的に、ロシア系はバッテンに糸をかける。西欧系は平行にかける。何となく恰好《かっこう》をつくったようでも、ボタンをパッと見ると、おかしいことに気づいたりしたそうです。さまざまなチェックポイントを見ながら、現場でスパイ狩りをしていたのですね。

まるで映画のようですが、場合によっては泳がせる判断をすることもあり、二重スパイとしてこちらに取り込める人間はいないか探り、逆に偽情報をつかませて帰らせたこともある、ということでした。ありとあらゆる諜報工作を行い、「苦労したよ」と語っていました。

大木　林さんや浅井さんが異口同音に言っていたのは、ソ連国内ではとても諜報活動ができない、ということです。当時のソ連国内はGPU《ゲーペーウー》、NKVD《エヌカーヴェエーデー》こと内務人民委員部といった秘密警察が強かったからです。だから、フィンランドやバルト三国など、ソ連に隣接した国々に包囲網をつくるように拠点を置き、そこから諜報活動をした、と言っていました。

戸髙　スターリン時代のソビエト内部は、もう徹底した管理社会で、半歩も規則から逸脱できなかった。何かあったら即殺すという簡単な社会でしたから。

大木　浅井さんは、戦後も頭の体操だといって、『プラウダ』（ソ連共産党の機関紙）を読んでいました。史料調査会に浅井さんが定期的にいらしたのは、どうしてなんでしょうか？　海軍には、ロシア語をやる人が少ないから呼ばれていたのでしょうか？

戸髙　歴代会長が研究室でロシア情勢を聞くためでしょうね。史料調査会の会長だった関野《せきの》英夫《ひでお》さんは、内閣調査室のメンバーです。「何をしているんですか」と関野さんに聞いたことがありますが、基本的に外国の雑誌を読んでるだけだよ、という返事でした。一般公開されている雑誌や新聞情報を、ジッと眺め、引っかかるものを整理して分析対処するのが、平時における諜報活動のベースです。ミリタリー系の海外情報を調査会のメンバーが見て、レポートをあげたりはしていましたよ。ロシア情報はその一環だと思います。

大木　ご本人は「ロシア語の本の整理に来とるんじゃ」と言っていましたが。

戸高　海軍文庫のロシア語の本を見てもらったことはあります。自分で新しい新聞をとって読んでいました。

情報とは「砂の中から砂金を拾うようなこと」

大木　なるほど。林さんも浅井さんも、スパイに秘密文書を持ってこさせるようなことはまずないんだ、公開情報を分析し、そこから全体像あるいは細部を詰めていくのだ、と言っていたので平仄《ひょうそく》が合います。みなさん異口同音に、情報とは「砂の中から砂金を拾うようなこと」だと指摘していました。おそらく、ロシア課の中で標語のように唱えられていたのではないでしょうか。

戸高　無茶なことをしても、たいした情報は得られない。公開情報を丁寧にチェックすることで、本当の流れをつかむことが大事です。情報分析の基本中の基本ですが、戦争体験のある人たちは、平和の中でも情報に対する着眼と知識的背景が普通の人と違うので、仕事になったのだと思います。

大木　情報に関わっていた人の多くは、戦後もソ連や中国の情報収集にあたっています。旧軍のソ連担当の情報将校や、当時「支那《しな》通」「支那屋」といわれていた人たちです。大陸問題研究所という機関がありましたし。

戸高　陸海、いろいろなテーマで研究会、調査会があり、毎週二、三の研究会を開いていました。月一の研究会もいくつかあった。大学の先生や研究者を講師に立てて勉強会をしていましたね。

大木　浅井さんは戦後、ご自分でシベリア鉄道について本を書いています。[*20] 拡張されたシベリア鉄道（BAM）は沿海州《えんかい》に及び、太平洋に出やすくなったという内容です。

割愛された原稿

大木　「参謀本部と太平洋戦争」特集を組んだとき、浅井さんに、ロシア課について書いてもらいました。彼の初稿には、面白いことがたくさん記されていました。

ロシア課の先輩である林三郎さんに、「情報将校たるもの、芸者の一人も口説けないようではだめだ」と言われた、と書いてあったのです。結局、その部分は割愛されてしまいました。陸軍はヤマタノオロチでいろいろ対立していますが、ロシア課についていえば、小さな塊というか団結がありました。そのため、浅井さんは原稿を書いてから、念のため林さんともう一人、ロシア課の先輩に見せた。すると、林さんに「浅井君、こういうことを書くもんじゃないよ」と怒られてしまったということです。

戸高　それで引っ込めてしまったわけですね。

大木　だから、最終稿には書かれていません。ところが、私が会った林三郎さんは仙人、大学教授のような人です。「芸者の一人も口説けないといけない」のエピソードにはそぐわない。後に林さんにご登場いただいた時、当時の写真はありませんかと尋ねたところ、ロシアにクリエール（外交伝書使のこと。いろいろな外交文書を持って行き来する使者）で行った時のパスポート写真を見せてくれました。当時の林さんは違っていました。いかにも精力的な印象の美男子です。

戸高　林さんはハンサムボーイでしたね。史料調査会の会長だった関野英夫さんも、役者にしてもいいような顔立ちでした。

大木　関野さんは、私たちが接した頃も、ダンディなおじいさんでした。若い頃はおっしゃる通り、大変なハンサムです。奥様は呉鎮《くれちん》（呉鎮守府）長官なども務めた、日比野《ひびの》正治《まさはる》中将の娘さんです。

戸高　出世株で良い男ならば、それはモテますよね。

大木　独特の風貌の方としては、甲谷悦雄《こうたにえつお》[*21]さんもあげられます。情報参謀で、戦争中に特使としてドイツに行っています。この人の事務所に行き、原稿執筆をお願いしたところ、「君、ミルクコーヒーを飲む？」といわれました。「いただきます」と答え、何が出てくるのかと思ったら、どうも当時のUCCミルクコーヒーがお好きだったらしく、小さな冷蔵庫にたくさん入っている缶コーヒーを「はい、どうぞ」と渡されたのです。得も言われぬ雰囲気をもっていた方でした。

失敗したのは、その時、たいしてお話を聞けなかったことです。甲谷さんがドイツで実際にしていたことは独伊との連絡協議ですが、本来は、独ソ和平工作（昭和一七年）の特使のお付きとして同行するはずだったそうです。甲谷さんが亡くなって十数年が経ち、そのメモが防衛研究所の図書館に寄付されました。後年、私はそれとにらめっこする羽目になったんです。当時、もっときちんと話を聞いておけばと。四苦八苦しながらそのメモを読む前、ご本人が生きていた頃に聞いておくことができれば、どれだけ助かったことでしょうか。

戸高　私もそういうことばかりです、よくわかります。

受け入れたい情報しか受け入れない人々

大木　浅井さんから話を聞いたもので、いまだに生々しい記憶として残っているのは、次の話です。

昭和一七（一九四二）年に、浅井さんが武官補佐官、駐在武官としてソ連に行ったときのことです。大本営参謀の瀬島龍三が来て、ほかには何もしなくていいから、ソ連が日本に宣戦布告する一年前にそれを予測してくれ、と頼んできた。これは難題だと思ったそうですが、だんだんとドイツが負けてきて、一九四五年二月に「ソ連は兵力の集中輸送を開始せり」と、浅井さんは東京に打電した。面白いと思ったのは、クリエール（外交伝書使）に話を聞いて回ったことです。

戸高　クリエールには外交特権があって、荷物を見せないで済みますからね。

大木　クリエールや、ソ連からシベリア鉄道で東京に帰ってくる人たちに「どこで軍用列車を見たか？」と聞いて回った。例えば、「モスクワ近郊で見た」あるいは「バイカル湖の鉄橋を渡る前に見た」という返事と、見た時間を合わせると、ダイヤグラムを組める。それらを全部集め、畳の上に広げてつなぎ合わせると、だいたいどれくらいの軍用列車が来ていて、いつ頃攻撃が始まるかがわかる、と。

五月一〇日に東京へ戻りますが、途上、チタの総領事館から「シベリア鉄道の集中輸送の状況は開戦前夜を思わしむるものあり」と打電した、と言うのです。しかし、作戦系の人は、ここでソ連に来られると困るから「まだ先だろう」などと考えている。

戸高　願望があるんですね。正しい情報が来ても、自分が「それは困る」と思うと、そういう情報を意識の中で拒否してしまう。自分の受け入れやすい情報は受け入れるけど、いやな情報は排除する。それは、情報の受け入れになっていません。情報で一番難しいのはいかにチョイスするか、です。情報を得る能力はもちろん必要ですが、それを判断する能力のほうがさらに重要です。日本は陸海軍とも、願望に沿った情報を重視するという、はなはだ情けないことをしています。

インパール作戦従軍者で行った座談会

大木　『歴史と人物』の特集（「日本陸軍　ビルマの戦い」）では、インパール作戦をめぐる座談会もしました。インパール作戦に実際に従軍した元将校で行ったのです。磯部《いそべ》卓男《たくお》さん[*22]、古田《ふるた》中勝彦《なかかつひこ》さん[*23]、久米《くめ》文男《ふみお》さん[*24]、竹ノ谷《たけのや》秋男《あきお》さん[*25]、高木《たかぎ》俊朗《としろう》さん[*26]と、司会の土門《どもん》周平《しゅうへい》さん（本名近藤新治《こんどうしんじ》）[*27]。近藤新治さんは終戦時の陸軍大尉で、戦後は防衛庁戦史部に勤めて、戦史叢書《そうしょ》の南太平洋陸軍作戦の巻を担当されました。『文藝春秋』の読者賞をとったこともある方です。

座談会は夏に行われ、高木さんはアロハシャツを着ていました。私は一瞬わが目を疑ったものです。戦中の陸軍報道班員として高木さんは有名ですが、戦前は映画業界にいて、モダンボーイ、おしゃれな世代なのです。私は彼が映画業界にいたことを知らなかったので驚いた。高木さんというと、戦争の悲惨さを描く、深刻なトーンの本を書く人、というイメージがありましたから。ところが、ご本人はたいへんモダンなおじいさんでした。

どうしてその話をしたかというと、モダンな風貌とは打って変わって、第一五軍司令官だった牟田口廉也《むたぐちれんや》[*28]に対する激しい義憤、怒りを高木さんから感じたからです。高木さんは、インパール作戦中はビルマ後方にいて、その後の沖縄作戦のときには陸軍特別攻撃隊員らと一緒にいた。ひどい現場を見続けてきた人です。その高木さんが座談会時は表に現しませんでしたが、ゲラでは大量に牟田口批判を追加してきたのです。

戸高 大量に、ですか。

大木 はい。高木さんは本当にもう、怒りで書いている。義憤から書いていると、強く思いました。

戸高 高木さんは当事者たちに聞き込んでいますからね。あの人でなければ書けない迫力が、たくさんあったでしょう。

大木 今となっては文書史料では確認ができず、当時、高木さんが聞き込んで書いたことを信じる以外にない、というエピソードがありますからね。

戸高 高木俊朗さんの『陸軍特別攻撃隊』は、彼以外には調べられなかった内容だと思います。ノンフィクションライターの大先生です。

大木 そもそも高木さんは、何度も特攻に出されながらも生還した佐々木友次《ささきともじ》伍長が特攻に出る現場にいたのではないでしょうか。

戸高　レイテ戦の時ですね。

大木　ええ。当然ご本人に話を聞き、『陸軍特別攻撃隊』に書いていますから。

「マッカーサーの参謀」と言われた男

大木　レイテといえば、陸軍中佐だった堀栄三《ほりえいぞう》さん*29の話を外せません。堀さんは、戦争中には「マッカーサーの参謀」*30というあだ名がついたほどの人でした。それは、「お前はマッカーサーの側にいるんじゃないか」というぐらい、米軍の動向を手に取るように正確に予測したからです。

昭和一九（一九四四）年一〇月の台湾《たいわん》沖航空戦では、アメリカの空母機動部隊を撃滅したといって、最初はみんな大喜びでした。それにもかかわらず、アメリカがレイテ島に進攻してきたため、「よし、こいつをぶっ叩いてやる！」と陸海軍ともに考えたのです。

当時、堀栄三さんは九州の鹿屋《かのや》にあった海軍の飛行場で、フィリピン行の連絡機を待っていた。そこで、帰投してきた海軍のパイロットたちを捕まえて聞いてみると、どうもおかしい、日本軍がアメリカの空母を沈めたはずがない、台湾沖航空戦の実際の戦果は海軍が報告してきた内容と異なるのではないか、と思った。そのため、情報をまとめて報告したものの、参謀本部は耳を貸しません。米空母機動部隊が撃滅されたという前提でいるから、「よし、レイテで決戦するぞ」と、もう準備を始めてしまっている。
戸高　追撃しよう！　ぐらいの勢いになっている時ですから。
大木　堀さんの報告を握りつぶしたのが、瀬島龍三ではないか、という説を保阪正康《ほさかまさやす》さん＊31が出していますね。
戸高　そうだと言われています。あの時は海軍の土肥《どひ》さんも「こんなにたくさん沈むんだったら苦労はない」「あり得ない」と思ったと言っていました。
土肥さんは報告も少し曖昧《あいまい》だから、「少なくとも戦果は半分にしなければ」と上にあげた。すると、源田実がいきなり「君は俺の部下の報告を信じないのか！」と激怒した。源田は参謀だから、航空隊の人間は部下ではありませんが、自分が飛行機畑出身だから、航空隊の報告は自分の戦果だと思っている。戦果を割り引くなんてとんでもない、と思って怒鳴りつけたのでしょう。
大木　あの人は特攻作戦の立案をはじめ、いろいろと問題のあることをやっています。戦後は国会議員になりましたが。
戸高　史料調査会の会長だった関野英夫さんは、福留繁《ふくとめしげる》長官の第二航空艦隊通信参謀でした。レイテ戦の現場にもいました。
報告が曖昧になる理由について、関野さんはこのようなことを言っていました。昼間に攻撃するとだいたい全部やられてしまうため、攻撃は夜間が主になります。すると見えにくいため、魚雷を放り込んだ当の人間も戦果がわからない。聞くほうが「どうだった？」「ああだった？」と詳しく質問してくると、面倒になる。だから「火花を見たような気がしますが、はっきりしません」などと、それ以上返事をしなくてもいいように返すそうです。そこで「火花」と答えると、「じゃあ、撃沈だな」と受け取ってしまう。報告や判定がルーズになる背景には、このような情況がある、と。

大木　堀栄三さんの報告を瀬島龍三が握りつぶした話ですが、その疑いが出たのは堀さん自身の証言があったからです。堀さんは奈良の名家に養子に入って、その家には昭和天皇が行幸したこともあるとか。お養父《と》さんも陸軍軍人でした。堀さんとしては言いたいことはあったけれども、父に止められていたということでした。そのため、長らく「敗軍の将は兵を語らず」の姿勢だったのです。

「瀬島龍三の言うことは、俺は信用しない」

大木　ずっと口をつぐんでいた堀さんでしたが、何かきっかけがあったのか、ある日「話してもいい」と言ったので、急遽《きゅうきょ》『歴史と人物』誌上で語っていただくことになりました。座談の相手は、朝枝繁春《あさえだしげはる》＊32さん（元陸軍少佐。第一四方面軍作戦主任参謀）と谷口義养《たにぐちよしみ》さん（元陸軍少佐。第一四方面軍司令部参謀部）です（司会は半藤一利さん）。
朝枝さんは強硬派で、いわゆる「ほら吹き」でもあり、戦後に真偽を確かめ難い話をして我々を困らせた人です。しかし、その時の朝枝さんは、堀報告が握りつぶされた一件を切りだしてくださった。堀さんが、それに答えたのです。両者とも名指しはしませんでしたが、前後関係から瀬島龍三だとわかる。
これがきっかけで、堀さんは台湾沖航空戦への疑問を報告したが大本営に握りつぶされた、という話が明るみに出ました。その後出版された『大本営参謀の情報戦記』に、もっと赤裸々に本人が書いてしまったわけですが、この本が刊行されたのは一九八九年のことです。

戸髙　それもこれも、情報を受取る側である作戦系の人が「聞きたくない」という情報を握りつぶしていたからです。せっかくの情報が何の意味もなくなる。
瀬島龍三は戦後の「活躍」、実業界での仕事が評価されています。山崎豊子《やまさきとよこ》の[*33]小説『不毛地帯』の主人公は瀬島がモデルとされています。しかし、海軍では、瀬島龍三の名前を聞いただけで「あいつは嘘つきだから」と即座に反応するような人もかなりいました。「瀬島龍三の言うことは、俺は信用しない」と、直接言う人がいたのです。

大木　瀬島龍三に憤りを感じていた人は多いですね。
堀栄三さんはレイテ戦以後、フィリピンで山下奉文《やましたともゆき》の[*34]参謀を務めます。山下は若い頃、二・二六事件で妙な動きをしたりして、あまり評価はされていませんでしたが、フィリピンでは名を上げましたね。山下の話で一つだけ印象に残ったのは、「マレーの虎」としての山下奉文は虚像で、むしろ神経の細かい人だと堀さんが言っていたことです。例えば、海軍の連絡参謀が山地を突破して司令部に来ます。みんな忙しいから「そこに座っとれ」などと言って待たせている。すると、山下奉文が「あれは誰だ？」と訊《き》く。「海軍の連絡将校です」と答えると、「苦労してやって来たのではないか」「まず風呂《ふろ》に入れてやって飯を食わしてやれ」と言う。そういう人だったようです。

戸高　軍人は、一度は勝っていなければなかなか評価されません。山下奉文さんは開戦直後に勝ちました。だから周囲の評価は高いのでしょう。

大木　余談ですが、堀さんは幼年学校からドイツ語を学び、ドイツが好きだったため、「君、ドイツのことをやっているの？」と私をわりと気に入ってくれていました。

そのおかげで、後年得をしたことがあります。堀さんは戦後、防衛駐在官として西ドイツに行きます。戦争中、ドイツの陸軍武官でアルフレート・クレッチュマー*35という人が東京にいました。そのクレッチュマーが、西ドイツで堀さんと軍の後輩を引き合わせて助けてくれたそうです。

私は日独関係を研究していたので、クレッチュマーご本人は無理でも、ご遺族に話を聞くなり史料をもらいたかった。クレッチュマーの娘さんに、堀さんが紹介状を書いてくれたのです。私たちは父が東京でしたことは何も知らないけれど、こういうものがあるからコピーをあげると、おそらくクレッチュマーが東京裁判に出した覚え書きをたくさんくれました。

戸髙　それは良い話ですね。史料にめぐりあえるかは、我々には重要なことですから。

なぜ山本五十六にカリスマ性が生じたか

戸髙　軍人の評価に戻りますが、一度勝って、最後はいい時に死ぬ。それが軍人にとっては、良い死に方なのかもしれませんね。山本五十六《やまもといそろく》も、完全にそうでした。終戦まで生きていたら、彼はありとあらゆる責任を負わされて大変なことになったでしょう。

大木　連合艦隊司令長官は、普通一年か一年半でもやったら「長くやった」と思われていましたよね。

戸髙　山本五十六は、もっと長く務めていますからね。

大木　昭和一四（一九三九）年に次官から連合艦隊司令長官になり、その後は戦死まで務めました。

戸髙　長すぎるんです。本当は、開戦と同時に若い人間と入れ替えるべきだったと、海軍の人も言っていたぐらいです。ただ途中で、山本長官はカリスマ性によって評判が上向いた。

「大和《やまと》」が柱島《はしらじま》に泊まっていると、隣の船から若い将校がみな双眼鏡で「大和」と山本長官を眺める。「今日は山本長官を見たぞ」と喜ぶぐらい人気が出て、アイドルのようだったと言います。それで替えられなくなってしまった。しかも、真珠湾《しんじゅわん》で勝ちましたから……。

大木　山本五十六は身長が一六〇センチほどしかない小柄な人だから、おそらく、見るとすぐに山本だとわかり、逆に目立ったのではないでしょうか。

戸高　海軍時代、山本五十六の部下だった人が史料調査会には何人もいたので、話はたくさん聞きました。彼は本当にカリスマですが、実は軍人としては恵まれていません。長官に上りつめたのは驚くほどです。日本の海軍の何が弱かったかといえば、太平洋戦争が始まった時に、艦隊の長官クラスで国家戦争の実戦経験者は山本五十六ただ一人だった、ということです。第一次世界大戦に少し出ていますが、ほかはほとんど、国家戦争を知らないのです。支那事変（日中戦争）しか知りません。日本の海軍は、実は実戦経験のない海軍でした。そのような事情もあり、唯一、日露《にちろ》戦争に参加した山本五十六にカリスマ性が生まれました。

すでに日露戦争から三〇年以上が経っていたわけですから、海軍内の人事は入れ替わっています。さらに悪いことに、日中戦争で、海軍が一万トンの巡洋艦を出します。向こうにいるのはジャンク船なので、日本の軍艦を見たら逃げるわけです。「どこへ行っても敵はいない」「無敵だ」と思い込んでしまった。負けようがない環境で、自動的に若い士官が無敵海軍という自己刷り込みをしていく。
どこへ行っても、「俺たちが行ったら勝つんだ」と思い込んでしまった。行ったら負けると思う軍人も困りますが、行けば勝つと思うのも困ります。軍隊は難しいのです。

大木 山下奉文の場合は、マレーで勝っているから、作戦能力について問題はなかったでしょう。ただフィリピンの時は、もう、誰が行っても勝てません。

戸高 そうです。フィリピンは誰が行っても勝てない。戦い方として、華々しく戦って散るのがいいか、持久戦をしたほうがいいのか。どうせ負けるなら損害を小さくして、そのまま負けたほうがいいのか。そう簡単に、どちらがいいとは言えません。

＊1 加登川幸太郎 一九〇九～一九九七年。陸軍中佐。陸士四二期。陸軍省軍務局軍事課勤務、第二方面軍参謀、第三五軍・第三八軍・第一三軍参謀を歴任。戦後、GHQ歴史課勤務を経て、日本テレビ編成局長。著書に『三八式歩兵銃』（白金書房、一九七五年）、『陸軍の反省』（上下巻、文京出版、一九九六年）など。

＊2 森松俊夫 一九二〇～二〇一一年。陸軍少佐。陸士五三期。戦後、陸上自衛隊に入り、防衛研修所

戦史部等に勤務、陸将補で退官。戦史叢書『北支の治安戦』（朝雲新聞社、一九六八年）などを執筆。

＊3　大井篤　一九〇二～一九九四年。海軍大佐。海兵五一期。軍令部第一部勤務、海上護衛参謀など。戦後、ＧＨＱ歴史課勤務。『海上護衛戦』（角川文庫、二〇一四年）など著書多数。

＊4　服部卓四郎　一九〇一～一九六〇年。陸軍大佐。陸士三四期。関東軍参謀、参謀本部作戦課長などを務め、ノモンハン事件や対米英戦争の作戦指導に当たる。戦後、第一復員局史実調査部長、ＧＨＱ歴史課勤務など。著書に『大東亜戦争全史』（原書房、一九六五年）がある。

＊5　辻政信　一九〇二～一九六八年。陸軍大佐。陸士三六期。関東軍参謀、参謀本部作戦班長、第三三軍・第三九軍・第一八方面軍参謀等。戦後、衆参両院で議員を務める。一九六一年にラオスで行方不明となり、一九六八年に死亡宣告を受ける。著書に『潜行三千里』（毎日新聞社、一九五〇年）、『ガダルカナル』（養徳社、一九五〇年）など。

＊6　小沼治夫　一八九九～一九八九年。陸軍少将。陸士三二期。ノモンハン事件調査委員会委員、参謀本部戦略戦術課長、第一四方面軍参謀副長等。戦後、電通印刷所社長を務める。

＊7　大岡昇平　一九〇九～一九八八年。小説家。一九三二年、京都帝国大学文学部卒業。新聞社勤務などを経て、一九四四年に陸軍に応召。フィリピンに従軍、米軍の捕虜となる。『俘虜記』（新潮社、一九四九年）、『レイテ戦記』（中央公論社、一九七一年）などの作品がある。

＊8　瀬島龍三　一九一一～二〇〇七年。陸軍中佐。陸士四四期。参謀本部作戦課勤務、関東軍参謀。敗戦とともにシベリアに抑留される。帰国後、伊藤忠商事に入社、会長を務める。ほかに、臨時行政調査会委員など。著書に『幾山河　瀬島龍三回想録』（産経新聞ニュースサービス、一九九五年）などがある。

＊9　**バレテ、サラクサク戦**　一九四五年のルソン島防衛戦の激戦地。

＊10　**林三郎**　一九〇四～一九九八年。陸軍大佐。陸士三七期。参謀本部ロシア課長、同編制動員課長、陸軍大臣秘書官等を歴任。『太平洋戦争陸戦概史』（岩波新書、一九五一年）、『関東軍と極東ソ連軍』（芙蓉書房、一九七四年）などの著書がある。

＊11　**阿南惟幾**　一八八七～一九四五年。陸軍大将。陸士一八期。第一〇九師団長、陸軍次官、第一一軍司令官、第二方面軍司令官、航空総監兼航空本部長兼軍事参議官、陸軍大臣等を歴任。終戦の日に自決。

＊12　**半藤一利**　一九三〇年～。編集者・作家。一九五三年に東京大学文学部を卒業したのち、文藝春秋新社に入社。月刊『文藝春秋』編集長などを務める。退職後、文筆業に専念、とくに昭和史を題材とした著作で高い評価を受ける。おもな著書に『昭和史　1926-1945』（平凡社、二〇〇四年）、『ノモンハンの夏』（文藝春秋、一九九八年）などがある。

＊13　**磯村武亮**　一八九八～一九四五年。陸軍中将。陸士三〇期。参謀本部ロシア課長、野砲第二四連隊長、ビルマ方面軍参謀副長、中部軍管区参謀副長など。一九四五年七月、山梨県上空で乗機が撃墜され、戦死。死後、進級。

＊14　**磯村尚徳**　一九二九年～。元NHKアナウンサー・評論家。一九五三年、学習院大学政経学部卒業後、NHKに入局。ワシントン支局長、ヨーロッパ総局長を経て、一九九一年、東京都知事選挙立候補のため、退職。落選ののちは、評論家に転じる。『ちょっとキザですが』（講談社、一九七五年）など著書多数。

＊15　**土居明夫**　一八九六～一九七六年。陸軍中将。陸士二九期。参謀本部ロシア課長、同作戦課長、関

東軍情報部長など。戦後、南京政府国防部顧問、大陸問題研究所長などを務める。

＊16　英本土航空戦　Battle of Britain, 一九四〇年夏の航空戦。ドイツは、英本土上陸の前提となる航空優勢確保のため、大空襲を繰り返した。しかし、イギリス空軍の執拗《しつよう》な抵抗に遭い、大損害を出して、英本土上陸を断念した。

＊17　源田実　一九〇四～一九八九年。海軍大佐。海兵五二期。駐英海軍武官補佐官、第一航空艦隊参謀、軍令部第一部第一課勤務、第三四三航空隊司令など。戦後は航空自衛隊に入り、航空幕僚長を務める。最終階級は空将。退官後、参議院議員。『海軍航空隊始末記』（文藝春秋新社、一九六一年）等の著書がある。

＊18　長沙作戦　一九四一年一二月から翌一九四二年一月にかけて、阿南の指揮する第一一軍が中国南部湖南省の長沙攻略を目的として実施した攻勢。

＊19　浅井勇　一九〇八～一九九四年。陸軍中佐。陸士四二期。駐ソ陸軍武官補佐官、参謀本部部員など。戦後、大陸問題研究所副所長。

＊20　シベリア鉄道に……　浅井勇『シベリア鉄道』（ワールドブックス、一九八八年）。同『第二シベリア鉄道』（教育社入門新書、一九七八年）。

＊21　甲谷悦雄　一九〇三～一九九三年。陸軍大佐。陸士三六期。関東軍参謀、大本営陸軍部戦争指導課長、駐独陸軍武官補佐官等を歴任。戦後、公安調査庁参事官。

＊22　磯部卓男　陸軍大尉。当時、第三三師団歩兵第二一五連隊連隊旗手。著書に『インパール作戦――その体験と研究』（私家版、一九八四年）がある。

＊23　古田中勝彦　陸軍大尉。当時、第一五師団歩兵第五一連隊本部付。

＊24　久米正男　陸軍大尉。当時、第三三師団歩兵第二一三連隊第九中隊小隊長。

＊25　竹ノ谷秋男　陸軍大尉。当時、第一五師団歩兵第六〇連隊本部付。

＊26　高木俊朗　一九〇八～一九九八年。作家。当時、第五飛行師団司令部付報道班員。一九三三年、早稲田大学政治経済学部卒業後、松竹蒲田撮影所に入社。一九三九年より陸軍報道班員として、中国、ビルマ等に従軍。一九四五年には、鹿児島県知覧の陸軍航空隊基地に配置され、特攻隊の実状を体験した。戦後、映画制作、著述業に従事。著書に『インパール』（文藝春秋、一九六八年）など多数。

＊27　近藤新治　一九二〇～二〇一七年。陸軍大尉。陸士五五期。騎兵第二九連隊・戦車第二八連隊中隊長など。戦後、警察予備隊・陸上自衛隊に入隊、防衛研究所戦史編纂《へんさん》官として勤務、戦史叢書の執筆に当たる。勤務のかたわら、「土門周平」名で多数の著作を発表した。おもな著書に『参謀の戦争』（講談社、一九八七年）、『戦車と将軍』（光人社、一九九六年）等がある。

＊28　牟田口廉也　一八八八～一九六六年。陸軍中将。陸士二二期。支那駐屯歩兵第一連隊長、第一八師団長、第一五軍司令官など。インパール作戦に惨敗し、予備役に編入されたが、一九四五年に召集され、予科士官学校校長。

＊29　堀栄三　一九一三～一九九五年。陸軍中佐。陸士四六期。大本営陸軍部第二（情報）部参謀、第一四方面軍参謀を歴任。戦後、陸上自衛隊に入り、防衛駐在官（西ドイツ駐在）、統合幕僚会議第二（情報）室長など。最終階級は陸将補。著書に『大本営参謀の情報戦記』（文藝春秋、一九八九年）。

＊30　マッカーサー　ダグラス・マッカーサー。一八八〇～一九六四年。アメリカ陸軍元帥。米陸軍士官

学校一九〇三年クラス。陸軍参謀総長、極東米陸軍司令官、南西太平洋方面連合軍司令官など。日本降伏後は、連合国最高司令官として占領に当たる。朝鮮戦争では、国連軍司令官に任命されるも、一九五一年に大統領の方針に反対して解任された。著書に『マッカーサー大戦回顧録』（津島一夫訳、上下巻、中公文庫、二〇〇三年）。

＊31　**保阪正康**　一九三九年〜。ジャーナリスト・昭和史研究家。一九六三年、同志社大学文学部社会学科卒業。電通PRセンター、朝日ソノラマなどに勤めたのち、一九七二年に『死なう団事件』（れんが書房）で著述家デビューを果たす。以後、膨大な体験者へのヒアリングをもとに、旺盛《おうせい》な著作活動を続けている。『東条英機と天皇の時代』（上下巻、伝統と現代社、一九七九〜一九八〇年）ほか、著書多数。

＊32　**朝枝繁春**　一九一二〜二〇〇〇年。陸軍中佐。陸士四五期。関東軍参謀、大本営陸軍部参謀（作戦）、第一四方面軍参謀など。敗戦直前に満洲に出張、捕虜となったのちにソ連に抑留され、一九四九年に帰国。

＊33　**山崎豊子**　一九二四〜二〇一三年。小説家。一九四四年、京都女子専門学校（旧制。現京都女子大学）を卒業したのち、毎日新聞社に入社。勤務のかたわら、小説を書きはじめ、一九五八年に『花のれん』（中央公論社）で第三九回直木賞を受賞。代表作に『白い巨塔』（新潮社、一九六五年）、『不毛地帯』（全四巻、新潮社、一九七六〜一九七八年）など。

＊34　**山下奉文**　一八八五〜一九四六年。陸軍大将。陸士一八期。航空総監兼航空本部長、ドイツ派遣軍事視察団長などを務めたのち、第二五軍司令官としてマレー攻略を指揮。のち、第一方面軍司令官を経て、フィリピン防衛に当たる第一四方面軍の司令官。敗戦後、軍事裁判で死刑判決を受け、マニラで絞

首刑に処せられる。

＊35　クレッチュマー　アルフレート・クレッチュマー。一八九四〜一九六七年。ドイツ陸軍中将。第一〇軍・第六軍・クライスト装甲集団兵站《へいたん》監を歴任。一九四一年より駐日陸軍武官。

第二章　陸軍はヤマタノオロチ

――陸軍編2

戦争の評価と軍人の評価

戸高　戦争自体が理不尽な世界のため、「ああしたらいい」「こうしたらいい」とは言えません。戦争の歴史の難しさとは、簡単に評価できない面が多いことです。人の生き死にがかかっているので、簡単に判断できない難しさが背景にある。それが、普通の政治史や文化史と違うところです。

軍人も、最後にきれいに死なないと評価を落とすところがありますから。例えば、特攻隊を送る時に「俺もあとから必ず行く」と言って、宇垣纒《うがきまとめ》＊1さんのように本当に行った将官はわずかで、戦争が終わった瞬間に考え直し、長生きしたほうがいいと思った人がたくさんいるわけです。死ねばいいというものではありませんが、人間としてそのようなケースをどう評価するかは、本当に難しいことです。

大木　阿南惟幾《あなみこれちか》さんも、あそこで腹を切ったから、というのはありますね。腹を切らない人には、都合の悪い話がぼろぼろと出てきてしまう。

戸高　そうです。裁判で最後は絞首刑になったりして、締まりがつきません。そうではなく、クーデターなどで決起しようと思っている部下が、担ぐべきトップが腹を切ったことで鎮静化することもあるでしょうから。軍人の評価は難しい。

陸軍の組織がヤマタノオロチのようで、各セクショナリズムが戦後も継続しているという話には、面白いところがあります。陸軍は、戦後になっても、確かにいろいろなグループがありました。一方で、海軍は一個だけでした。戦後も、戦前の階級ピラミッドのまま暮らしていたのが海軍です。

大木　水交会《すいこうかい》と偕行会《かいこうかい》という親睦《しんぼく》団体を、それぞれ戦後に持つわけですが、陸軍の偕行会がひとまとまりになって統制が利いているかというと、そんなことはありません。しかし海軍は、年功序列というか、まあ先任順ですね。

戸高　そうです。だから生き残りの高齢者は、年齢ではなく階級で互いの距離を取り合う。階級が上の人が「ああだ」と言ったら、下の人は「はい」と応《こた》える。戦後も同様です。

それから、言うことを何でも素直に聞きます。会合を見ていると、それこそ保科《ほしな》さんのような九〇代の人が、私の上司である土肥《どひ》さんに「君は若いんだから、しっかりやってよ」などと言う。土肥さんは七八～八〇歳ぐらいで、当時の私から見れば二人とも同じく「おじいさん」です。土肥さんは「はい」「はい」とそれに返していて、昔の階級のままの関係でした。お互い、別に嫌がっていないのです。戦後は、逆にそれを楽しんでいるようで、仲良くしていました。

藤村義一の「誇張」、坂井三郎の「加筆」、朝枝繁春の「ほら」

大木　藤村義一《ふじむらよしかず》さん*2はスイスでの終戦工作について、最初はGHQの尋問で、「こんな和平工作をしたんだ」と語った。その後、『文藝春秋』に手記を出したりしているうちに、だんだん「スイスの和平工作は俺がやった」というトーンが強くなりました。小島秀雄《こじまひでお》さん*3やドイツ駐在海軍武官府の先輩が死んでいくので、「俺が全部やったことにしよう」と、手柄を独り占めしたい気持ちが強まっていったのでしょうか。

戸高　小島さんは生前、海軍反省会で「あいつ（藤村）は俺の命令でやったということをひと言も言わない。だから、混乱するんだ」と言っていましたよ。

大木　零戦《ゼロせん》のエースだった坂井三郎《さかいさぶろう》*4もそうですね。あの人は長生きしたから、上の人が亡くなるたびに話が大きくなっていった印象があります。

戸高　坂井三郎さんの最初の戦記『坂井三郎空戦記録』は出版共同社から出て、『大空のサムライ』が光人社で、次に講談社に移った。何回か出し直したのです。その間に、二回ずつぐらい手が入っています。自分の空戦記ですが、最後の版では文章がすごくきれいになっている。昭和二八（一九五三）年の最初の版は終戦直後に書いたもので、搭乗員の生々しい生活感が出ていました。それが最後の版では、きれいな作文になっているんです。別に嘘は書いていないにしても、戦った男の生々しさは、初版のほうによく出ている。

終戦時の言葉遣いも違います。終戦を聞いた坂井の気持ちとして、昭和三一（一九五六）

年の増補版初版では「死んだやつらが一番かわいそうだ」という書き方をしている。「やつら」と書いている。それが、最後の版になると「死んだ仲間が」云々《うんぬん》となり、きれいになってしまっています。話もきれいにされてしまう。坂井さんも苦労した人ですが、これから読むのであれば、初版を大切にしたほうがいいでしょう。

大木　先に述べた朝枝繁春《あさえだしげはる》さんは情報系ですが、彼は見た目も豪傑のようで馬力の強い人でした。

終戦時は関東軍にいて、彼はシベリアで抑留されました。ソ連のスパイをしていたのではないか、という話があります。ラストヴォロフ事件、一九五四年にスパイ活動を行っていたソ連代表部の二等書記官ユーリ・A・ラストヴォロフがアメリカに亡命するという事件がありました。その時の調書がなぜかある時期、一気にマスコミ界隈《かいわい》に出回った。私の所にも一組ありますが、その調書に容疑者として「朝枝繁春」が出てくるからです。

戸高　向こうにいた人だから。

大木　朝枝繁春さんは生きている時に、結構ほらを吹くし、ある時に言うことと別の時に言うことが違う。多少の思い違いがあるにしても、証言の乖離《かいり》が激しすぎて困ったものです。

作戦系の人は、自分を美しく見せるのが上手です。半藤《はんどう》さんの司会で、瀬島龍三《せじまりゅうぞう》と杉田一《すぎたいち》次《じ》[*5]さん（シンガポール攻略時の山下奉文《やましたともゆき》の参謀で、陸軍では珍しい英米派と言われた人物）が

『歴史と人物』で対談したことがありました。それも、責任問題に触れない対談になりましたから。

海軍では、例えば奥宮正武《おくみやまさたけ》さんなどは、私の美しい海軍以外認めない、という感じだったのではないでしょうか。

暴露し合う陸軍、悪意なく隠す海軍

戸高　陸軍だと、辞めた後にいじめられた、恨んでいる、嫌いだから戦友会に行かないなどと、書いたり言ったりする人がたくさんいました。それが、海軍は朝から晩まで殴られていたような兵隊でも「海軍は良かった」と言うのです。中にはすごく恨む人もいますが、階級の上から下まで海軍を懐かしむところがある。海軍では、戦後きれいに話がまとまったからでしょう。

大木　戦争中から、どうも負けらしいと決まった時から、「こういう話にしておこう」と口裏を合わせているではありませんか。

戸高　あれは二復（第二復員省）の史実調査部が、戦後に旗振りというか仕切りをしたからだと思います。その時の担当者が奥宮正武さんです。

大木　二復の史資料の中には、「こういう話にする」という史料がありましたよね。

戸髙　あれは厚生省が一復、二復と呼ばれていた戦後すぐの時代に、政府が経験者に体験談を書かせ、取り上げて溜《た》めていたものです。だから、戦後に公開されていない原稿がたくさんあります。その中にはいろいろなものがありました。例えば、陸軍中将何の誰がしが自分の戦歴を書くと、それを確定するために部内の陸軍OBで回し読みをするわけです。みんな朱墨を入れてバッテンを付け、これは削除しろ、この人名は消せという。このような指示がたくさんある文書がある。

大木　ミッドウェイ海戦でも、本当はあと五分あれば勝てたという、いわゆる「運命の五分間」(「加賀《かが》」「蒼龍《そうりゅう》」「赤城《あかぎ》」の空母三隻が被弾、炎上する前、「赤城」では攻撃隊が発進直前で、あと五分あれば出撃できたとする主張)がありますが、それはかなり早い時期からそう説明しますよ、ということにしたにすぎません。

戸髙　あれもつくったんですよね。その意味で、海軍は一枚岩だから、一か所で海軍の戦史はこういうことだと決めると、みな文句なくそれに「はい」と従う。

大木　そこへ行くと、陸軍は「俺のまずいことを書いてもらっちゃ困る」「こうじゃなかった」と言う人がいると、「いや、そうだったろう」と反対する人たちがいて、みんなで暴露し合うことになる。

先ほどの話でいうと、いろいろ口をつぐんでいるとされる人に、陸軍なら瀬島龍三、海軍なら源田実《げんだみのる》がいます。ただ、源田が黙っているという話なら、海軍の人は絶対に漏らしませんから。

戸高　みんなが亡くなったあとに研究し、「ああ、そうだったのか」となることはあります。海軍の人は悪意なく、海軍を守るために言わない、というところがあります。基本的には嘘はつかないけれど、喋《しゃべ》らないことがある。

それから戦争史になりますが、内田一臣《うちだかずとみ》*6さんは戦史叢書《そうしょ》の「開戦経緯」について、絶対に海軍は悪くない、というような論文を確信犯的に書く。当人には別に嘘を書いている気はない。本当にそう思い込んでいます。陸軍OBは、そのような原稿をどんどん消すのです。

戦前と接続性があるのは陸自ではなく海自

大木　話が変わりますが、陸軍OBは、戦後もヤマタノオロチですね（笑）。

戸高　陸軍はお互いに失敗の抉《えぐ》り出し合いをしました。逆に海軍は統制が利いているので、海軍の失敗や、海軍にとってまずい話が出てきたのは、戦後四〇～五〇年も経ってからでした。後章で話しますが、ミッドウェイ海戦は、澤地久枝《さわちひさえ》*7さんがノンフィクション『滄海《うみ》よ眠れ』（全六巻、毎日新聞社、一九八四～八五年）を書かなかったら、表に出なかった話がたくさんあります。海軍がそろい踏みで隠していた。

私は澤地さんが『滄海よ眠れ』を書かれる最初から、資料面で少しお手伝いしていました。史料調査会は目黒《めぐろ》にあり、澤地さんのご自宅は隣の恵比寿《えびす》だったことも良かった。当人も史料調査会に来たし、私も時々彼女の家に行きました。ノンフィクション作家はここまで調べるかと思ったものです。立派な人です。

大木　『滄海よ眠れ』とミッドウェイの話は後でじっくりとしましょう。

陸軍は、良くいえば自由、悪くいえば統制が取れていないのだな、と実感したのは『南京戦史』（南京戦史編集委員会編纂、全二巻、偕行社、一九八九年）を出版する際に、南京事件が問題になったときです。『南京戦史』は、そもそも元陸軍軍人の親睦団体である偕行社（当時、加登川幸太郎《かとがわこうたろう》さんが編集を指導した）が、「陸軍は悪いことをしていません」というために、参戦者の証言を集めて本にしようとしたものです。

ところが、「悪いことをしていました」という証言がたくさんあり、これは駄目だと、加登川さんが「こういうことが無かったとはいえない。陸軍のことで大変申し訳ないことがありました」と発言したら、猛反発を食らったのです。『南京戦史』は出版しましたが、加登川さんは突き上げを食らって編集部を辞めることになりました。

戸髙　それは嫌になって辞めるよね。

大木　加登川幸太郎といえば、戦争中は陸軍省軍務局から方面軍の参謀で、エリートバリバりの人です。戦後は日本テレビの編成局長にまでなり、言ってしまえば、それこそ剛腕の人です。その加登川幸太郎の手腕をもってすら、抑えきれなかった。

戸髙　陸軍と海軍のメンタリティの違いは、ＯＢ会にも出ているのではないでしょうか。偕行会は陸軍ＯＢで、陸軍関係者のみを会員にしていたため、なかなか自衛隊への引きつぎに苦労した。

一方、海軍の水交会は、そうではない。海上自衛隊を取りこみ、海上自衛隊を後継者と認め、海軍ＯＢと海上自衛隊ＯＢで、中身がそのままつながっている。海上自衛隊の人や海軍の人は伝統重視で、明治以降の歴史は全部海上自衛隊の輝かしい歴史、帝国海軍の歴史だと、そのまま受け入れている。

ところが、陸軍は偕行会時代から陸上自衛隊は旧陸軍の後継者ではありません、という立場です。だから、なかなか継承できなかった。広がった一般イメージと違い、戦前との接続性は、実は海自と海軍のほうがあるわけです。

大木　陸海空の自衛隊の中で、「我々は旧軍の後継者である」といっているのは海自だけです。

戸髙　堂々と言っていましたね。海軍のＯＢや旧連合艦隊の参謀を呼んで講演をさせたり、幹部学校の講師をさせたりしていました。旧海軍の歴史を正しく継承する組織だという認識がある。今でもそうです。

大木　陸海空の中で、戦前的な空気が一番残っているのは航空自衛隊です。海軍航空隊と陸軍航空隊がありましたが、海軍航空隊の隊員は、生き残りが少なかった。だから、陸軍航空隊の生き残りを中心にして、戦後の航空自衛隊はできています。ところが、彼らは世代的に昭和一九～二〇年の、「本土決戦をするぞ」と言っていた頃の教育を受けていた人が多かったのです。それこそ、『日本のいちばん長い日』に出てくる畑中《はたなか》少佐*8のような気風の人が集まって航空自衛隊をつくりました。

戸髙　航空自衛隊はユニークなキャラですね。

大木　陸上自衛隊の人たちは戦前と組織が切れているので、発足当初に志願者を募って、兵隊集めの苦労をしています。ところが、空自にはそれまで民間の航空会社に勤めていた人が、そのまま入って来た。だから、陸上自衛隊の人が「あいつらは苦労を知らない」と皮肉ることになるわけです。

戸髙　陸海空、みなキャラが違っていますね。航空自衛隊にいた田母神《たもがみ》俊雄《としお》さん*9も、典型的な空自のキャラです。まわりと関係なく我が道を行く。

大木　航空自衛隊では、基本的に戦闘機乗りが一番偉いため、戦闘機乗り、「見敵必戦」の思いを持つような人がどんどん組織のトップになっていきます。ところが、田母神さんは「高射特科」、つまり対空ミサイルの出身者です。なぜトップにいけたのかと思っていましたが、候補ナンバーワンとナンバーツーの戦闘機出身者がつぶし合い、一番波風の立たない人にしようということで選ばれた、と聞きました。

戸髙　それが一番波風を立てたわけですね。

機雷掃海は空白なく行われていた

戸髙　初期の自衛隊は、組織をどのようにするかで、部内でいろいろ揉《も》めていました。海上自衛隊が旧海軍のままであったのは、海軍は終戦前後も変わらず、掃海事業を行っていたからです。海軍の兵隊がそのまま、アメリカが落とした機雷などを掃海する作業をしないと、船が通れなかった。だから、海軍の歴史には一度も断絶がない。そのまま仕事をしている。その間、組織としては保安庁になったりしましたが、作業としては海軍の船を生かした仕事をし続け、その後に海上自衛隊になっているため、断絶がないことになる。

大木　一般の人が教科書的に理解すると、一九四五年から朝鮮戦争の頃までは空白があるように感じるかもしれませんが、機雷掃海はずっと行っていましたね。

戸髙　敗戦処理のあいだも、機雷掃海をしていたため、朝鮮戦争では、警察予備隊*[10]（一九五〇年に設立された自衛隊の前身組織）が掃海艇ですぐに行けました。組織の本質的な断絶はなく、メンバーの断絶もない。史料調査会にいた田尻正司*[11]さん（最後の会長）は、終戦時、駆逐艦「響《ひびき》」に乗り組んでいて、「大和《やまと》」と一緒に特攻作戦に行くはずでした。ところが、直前に機雷にかかって船が壊れたので、「大和」と行けなかった。そのまま残って、助かってしまうわけです。終戦になりましたが、特別に政府の命令で仕事を続け、そのまま自衛隊になり、海将補になってから辞めています。彼は、海軍兵学校に入ってから一度も海軍生活と切れずに人生を全うしたことになります。このような人が、海軍組にはいるのです。

それ以外では、復員輸送も、みんな軍艦を使って海軍の人間が行ったわけです。名前が変わっても同じメンバー、同じ組織がずっとあった。

ついでに言うと、隊旗も、陸上自衛隊は戦前の陸軍と違うという意識を打ち出すために、違う旗をつくりました。一方、海軍は変わりませんでした。

自衛隊になった時、吉田茂《よしだしげる》*12のところへ「どうしましょうか？」とお伺いに行った。すると「ああ、昔のままでいいよ」「外国に行かなければいけないから。外国の人間は、あの旗で日本海軍をイメージしているから、そのままでいいのだ」と。認識されない旗を出して海賊と思われると困るから、有名な日本海軍の軍艦旗でいくことで吉田がＯＫした。そのため、今の軍艦旗も海軍のときのままです。

大木　有名な画家、米内穂豊《よないすいほう》*13のところに行き、新しいデザインを頼んだけれど、「私には旭《きょく》日旗《じっき》以上のデザインはできません」と言われた、というエピソードを聞いたことがあります。あれは本当なんでしょうか？

戸高　その話は私も聞いたことはありますが、海軍の人間は、最初からあれを変える気はありませんよ。

大木　世間的には、画家がこれ以上のデザインはありませんと答えたからあのままになったのだ、という話が広まっています。できすぎとは感じていました。

戸高　最終的に決定したのは、吉田茂です。陸軍と陸上自衛隊と、海軍と海上自衛隊の基本的な意識は違います。海上自衛隊の歴史は海軍時代からあることになりますが、陸上自衛隊の歴史は自衛隊発足からの歴史になるのです。

海軍にある士官意識

大木　細かい話になりますが、自衛隊に呼ばれて食事をすると、そばに従兵がつくのは海上自衛隊だけですね。

戸高　従兵ということは無いでしょうが、招待者はキャプテンと同じだから、という理由でしょう。

まだ、フィリピンのスービックに米軍基地があった一九八三年に、フィリピンまで行き、軍事評論家の江畑謙介《えばたけんすけ》さん*14と一緒にアメリカ海軍の原子力空母「エンタープライズ」に乗ったことがあります。大改装した「エンタープライズ」です。日本の佐世保《させぼ》に「エンタープライズ」が来たことがありますが、その直前です。改装後、日本に初めて行くので日本のジャーナリストに取材許可を出す、とアメリカ軍が公表した瞬間に江畑さんが申し込んだ。アメリカは日本のどのマスコミにも義理がないから、NHKや朝日よりタッチの差で早かった彼がその許可を得ました。「記者とカメラマンの二人枠をもらったから、一緒に行こうよ」と、学生の頃から知っている私に電話してきたのです。

江畑さんは記事を書き、私は写真を撮るということで、フィリピンまで行き、二泊三日の南シナ海での訓練に付き合いました。二四時間、朝から晩まで発着艦が止まらない、濃密な訓練でした。食事どき、士官食堂ではウェイターがそばに立ち、専門のサービスをしてくれました。陸自ではそういうことはないでしょう。

大木　ありません。陸の幹部学校に初めて教えに行った時、お昼をごちそうになりましたが、食堂にパーティションがあり、幹部の席は分けてあるものの、食べるものは同じでしたよ。

海上自衛隊も幹部と曹士（下士官兵）は同じものを食べるそうですが、気持ちとしてはオフィサー（士官）意識をきちんと持っていますね。ネイヴィのユニバーサリズムと言いますが、あれはオフィサーだけです。

将来は八分通り仕分けされていた

戸髙　そうです、オフィサーの話です。イギリスでは昔から本質的に、士官は貴族だった。日本の海軍は、どんな家庭の息子でも兵学校に合格すれば士官になれました。遠洋航海でオーストラリアや南米、アメリカに行くと、あちらでは少尉候補生は貴族だと思っているので、非常にモテたそうです。平和な時代のことです。昭和一〇年代以降は険悪になりますが、それまでは、あちらこちらで若いお姉さんたちにチヤホヤされ、中には日本まで追いかけてくる女性もいたそうです。海軍のおじいさんたちはみんな、嬉《うれ》しそうに話していました。

大木　海軍は一般向けの広報も得意ですね。平和な時代は、軍艦にいろいろな人を招待しています。宝塚《たからづか》の生徒を招くこともあったといいます。

戸髙　そのようですね。軽巡の「五十鈴《いすず》」の艦長が山田五十鈴《やまだいすず》*15を招待したりした。その写真が新聞や雑誌に載る。上手に世の中と付き合っていないと、組織の外は見えません。上手に宣伝していたので、海軍にはファンが多かったのでしょう。

戦時中、学徒動員で予備学生を採るようになるでしょう。その時、二等兵として鉄砲を担いで泥の中を歩くのが嫌だと思った人が、こぞって海軍に応募した。予備学生に「どうして海軍に応募したんですか」と聞くと、「恰好《かっこう》がいいもの」とみんな答えていましたよ。二〇歳前後の学生だから、昔の人でもみな見栄を張った。

大木　これは予科練（海軍飛行予科練習生）の話をするときに詳細を述べますが、予科練は、制度が途中で変わって大変でした。甲種、乙種、丙種と言われるようになる。別に、程度の違いでこの名が付いたのではなく、制度の違いだけです。

戸高　ところが甲、乙、丙だからね。

大木　のちに恨み骨髄となる。

戸高　恨みが残るのは、名前が原因です。甲種は、後からできたのに名前が甲なので、まるで成績が一番いいように聞こえる。最初の少年飛行兵は乙種になります。兵隊からあがり、試験を受ける人が丙種になる。社会的に見ると成績順のように表現されたので、古い人たちはみな激怒していました。特に乙種が怒る。

大木　その怒りが戦後も続いていて、『歴史と人物』で予科練の特集をした時には、甲乙丙それぞれの人たちに、ものすごく神経を使いました。

戸高　あれは海軍が役人的に、何も考えずに分類をしたのです。もう少しきちんと考えて付けなければ駄目です。入る人が張り切って働けるようなネーミングは大事ですから。

陸軍では鉄砲屋がエリートでしょうが、海軍だと大砲や水雷の人がエリートになっています。通信屋はずっと下で、飛行機、潜水艦もエリートと見なされない。戦死率が高いので、将来偉くなりそうな人はあまり行きません。兵学校で成績がうんといい人が将来の希望欄に「潜水艦」や「航空」などと書くと、教官や上司が来て、「大砲に行け」「考え直せ」と言ったそうです。飛行機の人から「俺、成績が悪かったから、すぐ行かせてくれた」という話をたくさん聞きました。

卒業時点で、将来が八分通り仕分けされていたといえます。エリートコースと、現場で戦って華々しく死んでくださいというグループが、ほぼわかってしまうのです。

大木　参謀本部や陸軍省、海軍省、軍令部に勤務し、これから海軍大臣、連合艦隊司令長官、参謀総長になろうというエリートを待っているのは、減点主義の世界です。だから自分の失敗は認めない。負けた作戦でも「こういういいところがあった」と言うことになります。

＊1　宇垣纏　一八九〇～一九四五年。海軍中将。海兵四〇期。連合艦隊参謀長、第一戦隊司令官、第五航空艦隊司令長官等を歴任。敗戦時、自ら特攻に出て戦死。その日記は『戦藻録《せんそうろく》』（原書房、一九六八年）として出版されている。

＊2　藤村義一　戦後、「義朗《よしろう》」と改名。一九〇七～一九九二年。海軍中佐。海兵五五期。駐独海軍武官

補佐官。スイスでの終戦工作に携わった。

＊3　**小島秀雄**　一八九六～一九八二年。海軍少将。海兵四四期。巡洋艦「香椎《かしい》」艦長、臨時欧州戦争軍事調査部員、駐独海軍武官（駐フィンランド海軍武官兼任）など。戦後、日独協会副会長。

＊4　**坂井三郎**　一九一六～二〇〇〇年。海軍中尉。青山学院中学を中退したのち、一九三三年に佐世保海兵団に入団。一九三七年より第三八期操縦術練習生。台南航空隊付、大村航空隊付、第三四三航空隊付など、さまざまな航空隊で勤務。『大空のサムライ』（光人社、一九七二年）をはじめ、著書多数。

＊5　**杉田一次**　一九〇四～一九九三年。陸軍大佐。陸士三七期。第二五軍参謀、大本営陸軍部参謀、第一七軍参謀、第八方面軍参謀、参謀本部欧米課長など。戦後、陸上自衛隊に入り、陸上幕僚長を務める。最終階級は陸将。著書に『情報なき戦争指導』（原書房、一九八七年）がある。

＊6　**内田一臣**　一九一五～二〇〇一年。海軍少佐。海兵六三期。戦艦「大和」分隊長、海軍砲術学校教官など。戦後、海上自衛隊に入り、護衛艦隊司令官、海上幕僚長などを務める。最終階級は海将。戦史叢書『大本営海軍部　大東亜戦争開戦経緯』（全二巻、朝雲新聞社、一九七九年）を執筆。

＊7　**澤地久枝**　一九三〇年～。作家。一九四九年、中央公論社に入社。働きながら、都立向丘高等女学校（旧制。現都立向丘高校）、早稲田大学第二文学部を卒業。一九六三年に中央公論社を退社、作家五《ご》味川純平《みかわじゅんぺい》の資料助手を経て、『妻たちの二・二六事件』（中央公論社、一九七二年）で作家デビュー。『密約――外務省機密漏洩事件』（中央公論社、一九七四年）、『雪はよごれていた』（日本放送出版協会、一九八八年）など、多数の著書がある。

＊8　**畑中少佐**　畑中健二《けんじ》。一九一二～一九四五年。陸軍少佐。陸士四六期。陸軍省軍務局軍務課課員。

終戦時、クーデターを試みるも失敗し、自決。

＊9　田母神俊雄　一九四八年〜。航空自衛隊空将。防衛大学校第一五期。統合幕僚学校長、航空総隊司令官、航空幕僚長を歴任。二〇〇八年退官。以後、軍事・政治評論を行う。

＊10　警察予備隊　一九五〇年の朝鮮戦争勃発に伴う在日米軍の戦地派遣により、国内の軍事力が空白となったことを危惧したマッカーサー元帥が、吉田茂首相に対して、国家警察予備隊と海上保安庁の強化を求めた。形式は増員の許可であったが、事実上の命令であり、後の自衛隊の母体となった。

＊11　田尻正司　一九二四〜。海軍少尉。海兵七三期。「金剛」、「響」乗組。戦後、掃海に従事し、朝鮮戦争では呉掃海隊指揮官として元山掃海に参加。以後、海上自衛隊で勤務。海上自衛隊幹部学校教育部長などを経て海将補で退職後、財団法人史料調査会理事、後に会長となる。

＊12　吉田茂　一八七八〜一九六七年。外交官・政治家。一九〇六年に東京帝国大学法科大学政治学科を卒業、外務省に入省。奉天《ほうてん》総領事、外務次官、駐伊大使、駐英大使などを歴任。戦後、外務大臣。一九四六年、内閣総理大臣。一九四七年の総選挙で社会党が第一党になるとともに下野したが、一九四八年に再び総理となった。占領からの脱却と主権回復に努力し、一九五一年のサンフランシスコ講和条約調印をもたらした。

＊13　米内穂豊　一八九三〜一九七〇年。尾竹国観に日本画を学び、歴史画で知られる。

＊14　江畑謙介　一九四九〜二〇〇九年。軍事評論家。上智大学大学院理工学研究科博士課程修了。英軍事専門誌『ジェーン・ディフェンス・ウィークリー』初代日本特派員を経て、軍事評論家として活動。『日本の防衛戦略』（ダイヤモンド社、二〇〇七年）など、著書多数。

＊15　山田五十鈴　一九一七〜二〇一二年。日本の代表的女優。一九三〇年、『剣を越えて』でデビュー、たちまち人気を博した。『猫と庄造と二人のをんな』、『流れる』など、主演作品多数。

第三章　連合艦隊と軍令部

——海軍編1

海軍反省会のはじまり

戸髙　私が海軍の人にたくさん出会ったのは、史料調査会で司書をしていたためです。序章で述べた通り、史料調査会は、終戦時に米内光政《よないみつまさ》大臣が軍令部の作戦部長、富岡定俊《とみおかさだとし》をつかまえて、このように言ったことで始まりました。「今回の敗戦で海軍がなくなる。海軍の歴史は大失敗の歴史だが、残すべき歴史もたくさんある。その仕事を、君がやれ」と。「作戦では君は負けたのだから、後始末をしろ」という含みもあります。戦後、富岡さんが文部省（現・文部科学省）の管轄でつくった財団法人が史料調査会です。

そこで、軍事情勢の研究と同時に旧海軍の歴史などを、この組織が収集・整理するわけです。当初は第二復員省（いわゆる「二復」）の史実調査部で、日本側の海軍戦史をまとめようとしました。戦史編纂《へんさん》は軍令部の仕事であり、日清日露《にっしんにちろ》戦後も海軍軍令部が戦史を編纂したからです。海軍がなくなる前は、戦争に負けても戦史編纂は軍令部の仕事だろう、と見なされていた。軍令部総長起案の決裁をきちんともらった、大東亜《だいとうあ》海戦史の編纂企画事務所が、軍令部内にすでに立ち上がっていたのです。

ところが、海軍省がなくなり二復になったため、話がなくなります。史料調査会はその仕事を継続したことになります。そのため、旧海軍の中堅どころの生き残りがみんな出入りして、それぞれが史料を持ってきたり、さらには職員になったりした場所でした。

海軍で名の知れた元気な人がほとんど出入りするなか、私はそこにいる、子か孫のような「本の出し入れ係」でした。年齢的な差は大きく、上は終戦の御前会議にも出た保科善四郎《ほしなぜんしろう》さんなどがいました。保科さんは九〇歳を超えても、自分の事務所に顔を出しておられました。

大木　保科事務所は、どこにあったのですか？

戸高　議員会館のあたりです。保科さんは週に一度か二度はきちんと事務所に出ていた。話が飛びますが、二〇一八年、中曽根康弘《なかそねやすひろ》[*1]さんの一〇〇歳のお祝いに、中曽根事務所を訪ねました。彼も週に一度か二度は事務所に出ているということで、かくしゃくとしていました。

史料調査会には、他にも海軍兵学校の校長をした新見政一《にいみまさいち》[*2]さんや、軍令部や連合艦隊の参謀をした人、海軍大臣、三代の秘書官をした福地誠夫《ふくちのぶお》[*3]さん、戦艦「大和《やまと》」の艦長をした松田《まつだ》千秋《ちあき》[*4]さん等々……。軍艦で言えば、戦艦空母から潜水艦まで艦長をした人がずらっと並ぶ組織でした。

『歴史と人物』の座談会にも彼らは出ていますが、彼らとの話は、実に面白かった。その人たちが自分たちの体験と記憶をこのまま消し去ってしまっては日本の将来にもったいないと、一九八〇年から一〇年ほど続けた会が「海軍反省会」です。私はこの会でもずっと雑用をしていたため、最後の後始末を頼まれ、ここでの証言をまとめました。二〇一八年に全一一巻の刊行を終えました。くたびれ果てました。

大木　お疲れ様でした。そして、菊池寛《きくちかん》賞の受賞（戸高一成編『［証言録］海軍反省会』全一一巻）、おめでとうございます。

戸高　あれは肉体労働の面を評価してもらったのです（笑）。受賞したのは、会で話している人たちの情報です。海軍の人たちは、「海軍は大失敗をしたが、同じようにきちんとした仕事もした。だからそれを残したい」という思いが強いのです。

海軍にあった「反省会」の文化

戸高　極端に言うと、海軍は陸軍の一〇分の一ぐらいの所帯で小さい。だから、戦後長く海軍社会と呼べるものがありました。一方、陸軍はいろいろな派閥があり、大きなグループがたくさんある。大変です。海軍は、例えば保科さんや新見さんが号令を発すれば、みな右へ倣えで「はい」と応《こた》える。戦前の階級のままで、戦後もずっと暮らしていたところがあります。それだけに、下の人は上の人に対する遠慮があり、上の人が言わない以上のことを言わないところがありました。「海軍反省会」は、その部分も口に出していかなければいけない、と始めたところもあります。

大木　私が『歴史と人物』に関わるようになり、戸高さんの所に出入りするようになってからのことで、今でも覚えていることがあります。海軍の厚生組織である「水交社《すいこうしゃ》」に起源のある「水交会」で、戸髙さんが手伝って何かしている、と聞いたのです。それが「海軍反省会」だった。しかし、あの頃は秘密会議のような印象はまったくうけませんでした。「何か面白い話が出たら教えてくださいよ」と戸髙さんに言えたぐらいの雰囲気だったので、まさかあれほど突っ込んだ話をしているとは思いませんでした。

戸髙　実は、秘密会議だったんです。メンバーの知り合いのテレビ局の人から、「そのような会があるなら、覗《のぞ》くだけ覗かせてほしい」と言われたことがあります。その人が実際にクルーを連れて来て、「内容はいいから、会合の絵だけ撮らせてほしい。表で待っているので、頼みます」と言う。ところが、メンバーから「駄目だ！」の一撃を食らい、即決で追い返されました。それほど、外部に知られないようにしていました。

　海軍関係者でない者で出入りしたのは、私だけです。元海軍士官以外でメンバーだったのは、「黒潮会《こくちようかい》」という、海軍省の記者クラブにいた記者の田《た》口《ぐち》利《り》介《すけ》さんと、海軍大将だった高須《たかす》四《し》郎《ろう》＊5の息子さんだけです。彼らは海軍にゆかりがあり、参加できましたが、他は海軍内の、内輪の人間以外は入れない厳しい会でした。

大木　海軍士官には、反省会の文化がありますよね。戦闘があっては反省会をやり、演習をやっては反省会をやり、図演をやっては反省会をやる。その流れもあり、戦争そのものの反省会をやらなければいけない、ということだったのでしょうか？

戸髙　それはあったでしょう。戦争に対する、敗戦の責任を前提とした反省会を、終戦直後にまず海軍が中心に行いました。その後、昭和三〇年代になってからは、水交会が生き残りの将官クラスにインタビューした、小柳史料と呼ばれる史料をまとめています。これは、元海軍中将小柳冨次《こやなぎとみじ》[*6]がつくったもので、彼が聞き書きして集めた手書きの原稿です。膨大な量でした。原本は水交会に残されていて、『［証言録］海軍反省会』が刊行され始めてから、「うちにもこういうのがあるんだよ」ということで、現在はすべて本になっています。

その後に、「海軍反省会」が一九八〇年からスタートします。それとやや重なって、大井《おおい》篤《あつし》さんが司会の「水交座談会」もありました。厳しい海軍反省会のなかでも、一番の論客が大井篤さんでした。元海軍の人は、モヤモヤモヤモヤと、どうしても割り切れない気持ちを抱いている。「なんで、あんな戦争を始めてしまったか」「なんで、あんな身も蓋《ふた》もない負け方をしたのか」という二つの思いです。それについて何か解決が欲しい、思いの丈を述べる場を求めていた、ということはあるでしょう。

気を付けないといけないのは、「反省会」とは言いますが、やはり言いたいことの何割かには、海軍擁護と自己弁護があることです。「失敗して、俺が悪かった」という気持ちがすべてではない。みな、一生懸命やって失敗したからです。だから、世間にボロクソに言われるのは嫌だ、一生懸命やろうとした面もあるのだ、という思いも並行して抱いています。『[証言録]海軍反省会』を史料として読む場合には、この両面を見通さないといけません。「ああ、そうだったんだ」と単純に思ってはいけない。史料の読み方の難しいところでもありますね。

大木　後でも話が出ると思いますが、砲術の大家だった黛治夫《まゆずみはるお》さん*7は、「俺は失敗していない」という思いを隠しもしていませんね。彼はむしろ潔いわけですが、確かに他の人たちは微妙な言い方をしています。

戸高　そうです。忸怩《じくじ》たる思いが残っているわけです。

大井篤が漏らした「連合艦隊との戦いは終わった」

大木　まずは、軍令部員や海上護衛総司令部参謀などを歴任された海軍大佐・大井篤さんのことから、伺いたいと思います。長身痩軀《そうく》で、俳優のフレッド・アステアのようなダンディな方でした。

戸高　そうです。スマートな方です。

大木　ところが、議論になるとたいへん激しい方だったようですね。

大井さんに、海上護衛総隊について『歴史と人物』で原稿を書いてもらったことがあります。すると、原稿の最後に「昭和二〇年八月一五日とともに、連合艦隊との戦いは終わった」とありました。「えっ？　戦いの相手はアメリカだったんじゃないのか」と（笑）。もらった原稿を勝手にいじるわけにはいかないため、そのままゲラにしました。さすがにまずいと思ったのか、ゲラで「日本海軍連合艦隊主義との論争の歴史を閉じた」と赤を入れられましたが。

戸高　ゲラで修正したんですね。

大木　「連合艦隊との戦いは終わった」と原稿段階で書いてしまったのは、海上護衛をめぐって連合艦隊と戦った、という意識が実際にあったのでしょうね。

戸高　海軍もズルいところがありました。護衛の重要さが身に染みてきた太平洋《たいへいよう》戦争後半に、海上護衛総隊は護衛艦隊をつくるわけです。組織をつくること自体は簡単です。編制表に「海上護衛総隊」と書き入れればいいだけですから。ところが、船そのものがない。どこから持ってくるかというと、新しく護衛艦をつくるのを待っていられないから、結局、連合艦隊に分けてもらうしかありません。当時は連合艦隊しかないのですから。ところが、連合艦隊は自分たちの作戦があるため、なかなか分けてくれない。命令だけもらって兵器がない、というストレスを常に味わっていたのが海上護衛隊だった。

そこの参謀だった大井さんは、年がら年中頭に血が上っていたわけです。連合艦隊とも戦わなければいけなかった。戦争前から言えば、大井さんは「陸軍とも戦わなきゃいかん」「連合艦隊とも戦わなきゃいかん」「アメリカとも戦わなきゃいかん」状態だった（笑）。これは大変だったでしょう。

大木　最近、マニアの人たちが誤解していることがあります。SNSなどを見ると、大井さんの海上護衛総隊参謀就任は左遷された結果だ、と書き込んでいる人がいましたが、間違いです。そのようなことはありません。海上護衛総隊の長官、大井さんのボスは誰かといえば、野村直邦《のむらなおくに》[*8]海軍大将ですよ。大井さんは海上護衛総隊にいた時もエリートでしたし、さらに戦後もエリートでした。だんだん上の世代から亡くなっていき、我々が関わった昭和五〇～六〇年代は、大井さんと千早正隆《ちはやまさたか》さんが海軍の生き残りの人たちを束ねている状態だったのです。

戸髙　そうですね。海上護衛総隊をつくる時には、作戦の半分はとにかく護衛問題だ、という意識でつくっています。それこそトップに連合艦隊司令長官と互角の人間を置き、重要な組織を新設する。ところが、海軍の制度運用の駄目なところですが、連合艦隊と互角に近い艦隊をつくってしまうと、お互いに張り合うしかなくなるわけです。

　戦闘部隊と護衛艦隊が互角だと、現場では、命令が二か所から来るようになってしまう。作戦プランと護衛プランを違う場所で立てていたら、現場は絶対に混乱します。日本は以前からそうですが、格のある組織をつくろうとして、頭の多い組織をつくってしまうのです。遡《さかのぼ》りますが、昭和八（一九三三）年には軍令部例をつくり、軍令部の格を海軍大臣と（ものによっては）互角にしました。その時に海軍の現場がどうなったかといえば、トップが二人いる組織になったことで競り合いが始まった。現場は大いに困ったわけです。話をしっかり通すには、トップは一つでなければいけない。大井さんは本当に混乱し、苦労したことになります。先に出た千早さんもそうです。

共同作戦を一生懸命やるのは大問題だった

戸高　その問題を一番言っていたのは、佐薙毅《さなぎさだむ》*9さんです。

大木　ああ、そうでしたね。

戸高　佐薙さんは戦後、航空自衛隊で幕僚長になった人ですが、このように言っていました。「陸海軍は常に、共同作戦を一生懸命やる」。みんな共同してやろうとしますが、共同作戦は派遣された部隊で行っているだけで、最後の瞬間には自分の組織に戻るし、自分の組織を守る。アメリカは統合参謀本部を置きました。統合された一つの組織です。日本の場合、二つの組織で力を合わせていることが、陸海軍の関係においても、日本軍の統帥においても駄目なところでした。

大東亜戦争、太平洋戦争をするならば、統合幕僚なり統合参謀本部なりをつくり、同じ一本の権限で両方を束ねる形にしないと仕事はできなかった。同じ海軍内で、海軍省、連合艦隊軍令部という腕力揃いが、それぞれ力を奮い合ってしまう。命令系統を一本にしないと実際の仕事はできない、と佐薙さんはずっと言っていました。大井さんも千早さんも、それは深刻な問題、日本の失敗面だと捉《とら》えていました。

大木　佐薙さんは一般的にはあまり有名でないかもしれません。NHKがガダルカナル戦の番組をつくった際の再現映像に、馬力のすごい海軍の参謀として佐薙さんが出てきました。私がお会いした頃はもうご老体でしたが、あんな粗暴なタイプではない、冷静な紳士でした。若い頃の佐薙さんの写真を見ると、二枚目で海軍兵学校出身のエリートです。若い頃は実際に、馬力の強い方だったのでしょうか？

戸髙　ええ。佐薙さんは現場でもエリートで、ラバウルの実戦部隊では草鹿任一《くさかじんいち》*10さんの幕僚として腕を振るっていました。戦後も自衛隊をつくる時から頑張っていましたし、やり手です。彼は戦後に米軍と付き合い、米軍式の教育を受けたことで、先ほどの問題に、はたと気づいたわけです。「ああ、米軍はこうだったんだ」「こういうところに、海軍の大失敗の一つがあったんだ」と。海軍の人たちの反省は、単純に負けた、勝てそうもない戦争を始めたということへの思いだけではありません。米軍の制度を見ることで目覚めた一つの解決法、あるいは理解を示したい気持ちもあったといえるでしょう。

大木　なるほど、それは重要な指摘ですね。

「平時の海軍を二〇年経験しないと、一人前の海軍士官はできない」

大木　大井さんや千早さん、佐薙さんの世代は、海軍兵学校時代の教育が関係するのか、人間的にまろやかなところがありました。知的な印象を受ける人が多かったですね。

戸髙　そうですね。海軍兵学校の五〇期台までは、オフィサーとして、世界中でジェントルマンとして通る教育を受けています。大井さんなどは、極端にも「平時の海軍を二〇年経験しないと、一人前の海軍士官はできない」と言っていました。二〇年と言ったら大変ですよ。

大木　船乗り稼業をして、組織を統率する術を学び……。

戸髙　それから外交官として外国との折衝をし、国内的にもきちんとした仕事をしないと、理想的な海軍士官にはなれないんだと。ところが、六〇期台は、任官後すぐに支那《しな》事変（日中戦争）が起きた世代で、七〇期台は、任官してすぐに太平洋戦争が始まります。ジェントルマン教育を受けることなく戦争をして、どんどん死んでいく立場になる。だから、六〇期台後半以降の海軍士官は、気の毒とも言えます。佐薙さんたちのような優雅な教育を受けていません。

昭和初期までの海軍士官は、誠に優雅な教育を受け、冗談抜きに、「ああ、こんなじいさんになりたい」と思わせるおじいさんでした。時々、困った人もまじっていましたが（笑）。

大木　いつも大井さんたちはスーツを恰好《かっこう》よく着こなしていて、まさにダンディという言葉が当てはまりました。

戸高　イギリス紳士のような雰囲気でした。

大木　ところが、議論になると非常に厳しい人になる。大井さんの海軍批判はすごかったですね。私の受けた印象では、戦後の我々が受けた反戦教育よりも合理主義がよほど徹底していました。「なんでこんなバカなことをやったのか、俺は理解できない。腹が立つばかりだ」と。骨の髄まで染みたそのような思いが、彼らの活動の原動力だったのではないでしょうか。

戸高　特に五〇期代のクラスは、現場でも文句を言える立場になっていました。戦中、戦前から「三国同盟なんかしたら、すぐアメリカと戦争になるではないか」と言っていたようです。しかし、押し切られ、抗し得なかった。無念は残っていたでしょう。

陸海軍は別々の戦史をつくった

大木　『歴史と人物』で、大井さんと内田《うちだ》一臣《かずとみ》さんとの、海軍の先輩・後輩対談が企画されたことがありました。内田さんは、大井さんからすると一つ下の世代になりますが、海軍兵学校出身の海軍士官で、戦後は海上自衛隊に入り、幕僚長まで出世しました。
　内田さんはいわば海軍タカ派で、自衛隊に入ってからもタカ派で知られていました。その内田さんが対談の際、口を滑らせてしまいました。大井さんに「石油を禁輸されれば、起《た》つしかなかった」と言ってしまったのです。大井さんは激怒しました。血相が変わるとは、あのような状態を指すのだ、と私は思ったものです。対談が終わってからも大井さんは内田さんを議論に連れ出しました。「内田くん、君、ちょっと時間あるかね？」と。内田さんは、さぞかしお説教を食らったことと思います。

戸高　内田さんは「絶対、日本は悪くない」説をとる最右翼の人でした。彼は「戦史叢書《そうしょ》」の海軍の「開戦経緯」を書いた当人ですから。反省会でも、日米開戦に至った経緯について、とにかく日本は悪くない、という基本思想に凝り固まっていました。

大木　余談ですが、一九八〇年代に内田さんの講演で防衛論を聞いた時のことです。フロアから「政府は国連重視で国連に頼っているのではないですか？」という質問が出ました。すると、壇上で彼はフッと笑い、「今時、国連が何かしてくれますかね？」と答えていました。

戸高　内田さんのようなパターンもある。彼は一応戦史部で学者として「開戦経緯」をまとめたんですね。書いた戦史に朱墨を入れられる話は第二章でもしましたが、内田さんの「戦史叢書」も、草稿はすべて幹部に回されたわけです。海軍サイドで書いた草稿なので、陸軍側のＯＢに回すと、もう真っ赤っかに朱を入れられる。削除、削除の連続です。さんざん抵抗したけれども三〇〇枚は原稿を削られた、と内田さんが言っていました。三〇〇枚ですから、書籍一冊分です。

大木　「大東亜戦争開戦経緯」は、陸軍側から書いたものが五巻あります。

戸高　海軍側は二巻です。

大木　海軍側から見た経緯を、別に二巻出している。

戸高　なぜ戦争に至ったかについては、陸海軍の共著でいいはずです。国としての叢書ですから。最初は共著の方針でした。しかし、両者のそりがまったく合わなかったため、別々に書くことになった。情けないことです。外国の戦史ではあり得ません。内田さんの削られたゲラは、戦史部にあるはずです。何を削ったかで、削った人間の意図が見えるため、私は昔から見たいと思っているのですが、まだ見ることができていません。

大木　引っ越しもしましたからね。

戸高　流石に捨てはしないでしょう。「戦史叢書」ですから。

大木　添削前の、ノモンハンやミッドウェイの原稿があるはずです。

戸高　そうですね。草稿、第一稿があり、みんなで回して赤を入れ、それを整理してからもう一回見せる作業を、二、三度繰り返して決定稿になる。そのプロセスが見たい。

元海軍の人たちは、きちんとした、いわゆる戦後の意識で反省しようとした人もいるし、戦前の熱血士官のまま戦後を通した人もいました。その両方をしっかり認識し、読むほうが理解してあげないと、混乱してしまうのです。

個人の冷静な判断を超えていく戦争の怖さ

戸高　軍令部条例をつくる昭和八（一九三三）年頃。三国同盟問題の昭和一五（一九四〇）年前後。そして昭和一六（一九四一）年の開戦直前。この三つは、それぞれ太平洋戦争における山場とも言える時期です。三つの山の時期、すべてで重要なポジションにいた人として、例えば海軍大佐の三代《みよ》一就《かずなり》*11さんがあげられます。

大木　ああ、一就さん。

戸高　三代一就さんは軍令部にいて、三国同盟のときは「こんなことをしたら日米戦争になる」と言って反対しました。海軍の条約派（軍政派とも。ロンドン海軍軍縮条約の締結に賛成した）的な人は、ドイツ、イタリアと日本が組んだら完全に別世界になってしまう。アメリカは絶対日本を認めなくなる、もう対米衝突必至になるので絶対に駄目だ、と主張しました。

その意見は多かったのです。多いのに、ある日突然、同盟締結が決まってしまう。開戦の時もそうですが、生き残った人に話を聞くと、千早さんも大井さんも、史料調査会の会長だった関野《せきの》さんも新見さんも、「アメリカとの戦争は絶対にいけないと思っていた」という。それなのに、蓋を開けると戦争をしてしまう。

これが、戦争の恐ろしさです。個人の冷静な判断を超えたところで、どこかで誰かが決定してしまう怖さ。その失敗をした組織が陸軍であり、海軍である。それはなぜなのか、開戦に至るメカニズムの再検討がやはり必要です。時代が変わっても参考になるものがあるはずですから。みんな一生懸命考え、行動もするのですが、最後は大臣や総長といったキーマンの、個人の問題になっていってしまう。

組織を動かす陰の力

戸髙　そこで出て来るのが、石川信吾《いしかわしんご》です。[*12]

大木　『真珠湾《しんじゅわん》までの経緯──海軍軍務局大佐が語る開戦の真相』が中公文庫から出ていますね。

戸髙　あの本の解説は私が書きました。石川信吾は、いわゆる艦隊派（自主的軍備を主張し、ロンドン海軍軍縮条約の締結に反対した）の最右翼です。第一委員会という、海軍省軍令部を通した国策研究会のような組織を海軍がつくりましたが、彼はそのメンバーです。メンバーは最初から、右派ばかり。大井さんはよく言っていました。「石川は一中佐だ。一中佐ぐらいがあだこうだと言ったって、海軍が動くはずはない。そういう人間を発言力のあるポジションに置いた人間が真犯人だ」と。この委員会が下す決定は重く、そのような場所に右派を集めた奴が真犯人だ、個人的な文句や意見など通らないのだから、という指摘はよくわかります。

では、人事権を握っていたのは誰だと辿《たど》っていくと、出て来るのが岡敬純《おかたかずみ》*13です。

大木　日米開戦時の軍務局長ですね。

戸高　そうです。高田利種《たかだとしたね》*14が軍務局の制度をつくっている時、岡さんが来て言いました。「海軍大臣が石川を使えと言っていると聞いたので、まあ、使った」と。つまり、「俺のせいじゃない」ということです。このポジションにこの人間を嵌《は》めていくという人事に、組織を動かす陰の力の部分があります。個人の力で動かないもの、組織を動かせるポジションに、自分の意に沿う人間を入れていく動きがあった。これが、海軍を開戦の方向に向かわせた要素だろう、と中沢佑が言っています。

大木　なるほど、と思いますね。

八〇年代なかばの『諸君！』で、半藤一利《はんどうかずとし》さんが石川信吾を例に出し、「海軍善玉論はおかしい」と言い出したと記憶しています（「海軍善玉論」『諸君！』一九八六年一月号）。今ではすっかり、海軍が戦争に反対したという話は嘘だ、というふうに拡大されてしまっていますが。これはもともと、石川信吾を問題として論じられたことでしょう。

戸高　石川信吾は若い時からそのような言動が強かったですからね。

大木　ペンネームで、日米戦は必至であるという内容の本を書いていた人ですからね。一人プロパガンダをしていた。

戸高　そうです。『日本之危機』という本を大谷隼人という名前で書いています。周囲は「石川はそういう主張の人間だ」とわかっていた。なおかつ陸軍の若手士官や政治家にもパイプがあり、独断専行、一人でどんどん動くタイプでした。

大木　第一委員会には、米内光政や山本五十六《やまもといそろく》に近かったとされる高木惣吉《たかぎそうきち》[15]もいた。例えば、半藤さんが海軍善玉論に疑問を持ちだしたのも、「俺にいろいろ話を聞かせてくれた高木惣吉も戦争に反対したと言うけれど、第一委員会に入っていたではないか」といった思いからなのでしょうか？

戸高　それはあるのではないでしょうか。

　個人名で一つひとつ探して調べていくとさらに見えてくるでしょうが、海軍の流れとして、軍令部条例ができ、軍政と軍令がはっきりと分かれてしまったことは、とても大きい。これを機に、海軍は組織として大雑把に三つ、海軍省、軍令部、艦隊になりました。そうなった時には、ほぼ引き返すことのできない対米衝突への道に突入してしまっているのです。道に入って最初の軍備計画が「マル3計画」――「大和」・「武蔵《むさし》」の入った計画――です。どこか、後戻りしなければいけなかった段階があるとしたら、この軍令部条例ができた時と、三国同盟の時になると思います。

出師準備は開戦準備を意味した

戸高　牧野茂《まきのしげる》さんという、戦艦「大和」の設計主任だった技術大佐がいます。彼の部下で後輩にあたる福井静夫《ふくいしずお》さん＊16（軍艦研究家で技術少佐）は、日本が戦争を決意したのは出師《すいし》準備を発動した時だ、と言っていました。

大木　出師準備の第一作業は、昭和一五（一九四〇）年の秋ですね。

戸高　一五年の秋に、海軍はさりげなく、そーっと出師準備の第一作業を始めました。出師準備は陸軍の動員と同じで、戦争の準備への着手です。昭和一五（一九四〇）年といえば、日米交渉のまだ前です。その時点で海軍は、出師準備をした。

出師準備は開戦準備を意味します。なぜかと言えば、こういうことです。出師準備ではまず、軍艦に魚雷や砲弾を定数、積み込みます。普段は訓練弾ぐらいしか積んでいないため、定数一〇〇％まで積む。それから船をメンテナンスして、万全な態勢にもっていく。さらに、徴用船や輸送船として必要な民間の船をどんどん徴用します。また、予備役などで社会に戻っている兵隊から、必要な者を呼び戻したりもします。これは、定員数まで兵士を充足する作業です。陸軍も、動員で同じようなことをします。陸軍では兵隊そのものが兵器であり、歩兵、兵隊を何万人〜何十万人と集めますが、海軍と違うのは、用がなくなれば「帰っていいよ」で帰せる点です。

ところが、海軍は軍艦の出師準備を始めると、例えば被害を受けても沈まないように、船の空きスペースへ、両端を溶接で止めた鉄パイプを詰めていきます。水が入っても防水できるようにするためです。そういうものを詰めるとどうなるか。人間が入り込めないため、メンテナンスができなくなり、錆《さ》びが進んで船が傷みます。数年間の戦争の間だけもてばいいという意識で行う、臨戦準備でもあるのです。いったんこれを始めたら、引っ込みがつきません。

だから、軍令部作戦部長の富岡定俊などは、海上自衛隊幹部学校で講演した時に、「出師準備は開戦決意なしでは発動できない」とはっきり言っています。それを昭和一五（一九四〇）年に行っていた。極端に言えば、一六（一九四一）年の日米交渉など、海軍にとっては知ったものではなかったということです。戦う気満々で準備しているのですから。

出師準備は人間を集めるだけではないため、時間がかかる作業です。忖度《そんたく》の塊になっている現場の兵士にしてみたら、「出師準備をするということは、政府は開戦するつもりだろ

「始めろ」と言われてもすぐにできるものではないため、そう受け取るのも無理はありません。「はい、わかりました。では一年後に完了させます」と言っていたら、戦争はできないからです。

海軍は独走というか、勝手に臨戦準備をスタートしていたことになります。このことを言う人はあまりいません。牧野さんのような現場のエンジニアは、「出師準備を始めて戦争がなかったら、自分で自分の船を壊すようなもんだ」とも言っていました。

大木　大本営政府連絡会議でも、海軍は「やるなら、早く決めてくれ」「早く伝えてくれなければ間に合わないんだから」と言っていますね。

戸髙　そうです。「戦史叢書」の中で、海軍が開戦準備の出師準備を始めたことについて、開戦決意がなければ発動できないようなものを海軍は〝何気なく〟スタートしていると、書いています。筆者も不審に思っていたのではないでしょうか。

錯綜する縁戚関係

大木　昔の陸軍大学校や海軍大学校のような幹部学校は、自衛隊にあります。そこに呼ばれて講演をしたり、機関誌に何か書いてくれと言われたりすると、それまで表に出さなかったことを言ったり書いたりする人がいますよね。これは、陸海問わず言えると思います。

戸高　思い切ったことを言いますね。富岡さんは、戦争が始まった時は海軍の作戦課長で、終戦時は作戦部長。戦艦「ミズーリ」号での終戦の調印にも立ち会っているので、海軍の作戦のコアなところをすべて知っているはずです。それなのに、戦後はほとんど口にしませんでした。史料調査会の設立者でしたが、「これからは、人間、未来だ」と言って、未来学と称する不思議な研究をして、海軍時代のことをあまり言わなかった。実際は、自分の経歴や体験を克明に話すのは「危ない」と思ったのでしょう。

大木　富岡さんは「危ない」ことを知っているはずです。

戸高　だからあまり言いたくない。それこそ「部下や先輩を非難することにならないか」という遠慮から、表に出さなかった。ところがそのような人でも、幹部学校の講演では、海軍は戦争前から着々とその準備をしていた、と海軍にとって不利な事実もきちんと話しています。

　余談ですが、先の牧野さんは海軍の造船の超エリートで、戦争がなければ造船のトップ、艦政本部四部長になれた人です。「軍艦の神様」と言われた平賀譲《ひらがゆずる》*17の直弟子でした。平賀が「将来の海軍の造船を背負って立つ」と見込んだのが牧野さんでした。だから彼を買い、自分の娘と結婚させようとしていました。手配をしていたら、平賀の先輩で師匠でもある山本《やまもと》開蔵《かいぞう》*18造船中将が自分の娘を先に牧野さんと一緒にした。もう世の中に敵なし、怖いものなしで、これ以上の独裁エンジニアはいないという平賀さんでも、さすがに先輩に先を越され、抵抗できなかったという話です。その娘さんは、一〇〇歳過ぎまでお元気でした。私は娘さんと仲が良かったのでいろいろと伺いました。

大木　ああ、そうだったのですか。

少し話がそれますが、「Nさんの前で、K提督の話をするな」と言われませんでしたか？　これは今でも差し支えがあるかと思いますので、仮名でご勘弁願います。Nさんは海兵卒の将来を約束された人でした。

K提督は大した人だと言われています。なぜ、K提督の話をNさんの前でしてはいけないかと言うと、Nさんがエリートだと見込んで、提督は自分の娘と結婚させた。ところが、戦後すぐ、Nさんが肺病になると離縁させてしまったそうです。

戸髙　（笑）。海軍の偉い人は、兵学校出の見込みのありそうな若い人を娘の結婚相手にしようとするケースが多い。

大木　そうですね。Nさんは愛妻家でとても仲の良いご夫婦でしたが、その奥さんとは再婚だったわけです。

戸髙　最初の奥さんは、取り上げられてしまったわけですね。

大木　ええ。それで、横山《よこやま》編集長に「いいか、Nさんの前で、K提督の話をするなよ」と言われた次第です。

戸髙　そのような話はあるでしょうね。昔だと、山本権兵衛《やまもとごんべえ》*19の娘の話もあります。財部彪《たからべたけし》*20の奥さんは、権兵衛の娘ですね。

大木　はい、そうです。軍縮会議の時に奥さんを同伴し、轟々《ごうごう》の非難を浴びた。

戸髙　夫人同伴は、外国では当たり前なのに。

大木　当時は「国の大事を決める会議に、女房を連れて行くとは何事か」と言われてしまった。

戸髙　先ほど言ったように海軍は社会が狭いので、兵学校の同級生が、妹同士を交換して結婚するという話もありました。だから海軍の会合では、人の悪口があまり言えない。縁戚《えんせき》関係が錯綜《さくそう》しているからです（笑）。全員どこかで親戚だから、仲が良いのもわかりますが、こじれると難しいですね。

生き残った人の第一判断基準は戦争中にきちんと働いていたかどうか

大木　ノンフィクション作家の澤地久枝《さわちひさえ》さんが、ミッドウェイ海戦の戦死者を辿っていく『滄海《うみ》よ眠れ』を発表したとき、カンカンになって怒った海軍ＯＢの人が大勢いました。ミッドウェイ海戦の海軍公式見解を、彼女が覆したからです。

戸髙　『サンデー毎日』で『滄海よ眠れ』の連載を延々とした時です。連載のスタートは八二年からです。

大木　大井篤さんや千早正隆さんは、やはり偉い。二人で図って、「水交会に澤地さんを呼んで、話を聞こう」と言われた。実際に、元海軍軍人と澤地さんが対峙《たいじ》する場が設けられたのです。これも海軍の伝統でしょうか。

その場に横山編集長も呼ばれましたが、彼が行けないため、私に声がかかった。「君、行ってきたまえ。ついでに大井さんに挨拶《あいさつ》しておいで」と言われました。それが大井さんにお目にかかった最初です。「見ればわかるよ。スマートな人だから」という横山さんの言葉通りの方でした。そのとき、大井さんの傍らにボディーガードのように付き従っていた人がいました。顔には火傷《やけど》の痕《あと》があります。大井さんにご挨拶をしようとしたら、その人が「君は何者かね？」と尋ねてくる。「これこれこういう者で、怪しい者ではありません」と答えると、「ああ、そうかね」と。大井さんも名刺を出したので黙ったその人が、髙橋定《たかはしさだむ》*21さんでした。

戸髙　艦爆（艦上爆撃機）の髙橋定さんか。

大木　はい。「この怖いオジサンは何者だろう？」と最初は思ったものですが。戦争中の艦爆乗りとして知られる人です。

戸高　昭和一七年一〇月二六日の南太平洋海戦で「瑞鶴《ずいかく》」から出撃して撃墜されて、一昼夜漂流して奇跡的に日本の貨物船に救助されて生還したんですよ。

大木　第四艦隊司令長官の、井上成美《いのうえしげよし》*22に慰労会に招かれたときのことです。南方のトラック島で、井上が前線らしからぬ装いの和服を着ていたので、高橋さんは怒り、つがれたビールを「長官、いただきます」と言って袴《はかま》にぶっかけた。高橋さんの部下の艦爆乗りたちもみんなそれに倣ったというエピソードのある人です。

戸高　高橋定さんは、人柄が良いのです。戦後は海上自衛隊ですね。

大木　はい、海自に行きました。高橋さんは海上自衛隊の機関紙に連載をし、それをまとめて『飛翔雲《ひしょううん》』という本にしています。

戸高　本の半分は思いっきりプライベートな話でしたね（笑）。

大木　捕虜にした米軍のパイロットの話はすさまじかった。米軍はスポーツやゲームのように戦争をしていた、攻撃後はにこにこして「ハロー」と言ってきたので、高橋さんは、「俺の仲間たちが死んだのに、貴様らは何だ！」と言ってバシーンと殴った、なんてことも書いています。

戸高　高橋定さんは純真で、なおかつ現場主義の人です。日本軍は、捕虜になっていた人をすごくいじめるわけです。彼は、捕虜になった後で助けられた自分の部下を、ずっと手元で受け持っていて、周囲に差別をさせませんでした。部下にはとても受けが良かった人です。
　私は「艦爆搭乗員会」という、艦爆乗りだけの、実戦を山ほど経験した人たちの戦友会に呼ばれて行きましたが、大勢が髙橋さんを取り囲んでにこにこしていました。囲んでいるのは超ベテラン、それこそハワイから飛んでいたようなベテランの艦爆乗りたちです。髙橋さんの所に挨拶に行くと、周りの古手の艦爆乗りが「戸髙さん、髙橋さんは、もう本当にすごい人なんだ」と言う。「戦争中、私らは、髙橋隊長は偉い。士官にしておくにはもったいない人間だと（笑）、みんなで言っていたんだ」と。これは下士官搭乗員として最大級の褒め言葉です。たいへんな人気でした。さっさと死ね、と言われている上官が結構いましたから（笑）。

大木　やはり勇猛果敢なタイプだったのですね。何期ぐらいだったのでしょうか？

戸髙　六一期ぐらいだったと思うけれど。真珠湾には行っていないのかな。珊瑚《さんご》海《かい》からは出撃していますが。

大木　激戦の時期に危ない所を飛んでいた人になりますね。

戸髙　よく生き残りました。

大木　ええ。あの火傷も、確か南太平洋で受けた攻撃の跡だと聞きました。

戸髙　生き残りの人のメンタリティは、本当に面白い。第一の判断基準が、戦争中にきちんと働いていたかどうかになるのです、そこがきちんとしていた人は、戦後も尊敬され、戦争中に挙動不審だった人は嫌われることになる。わかりやすいところもあります。

ミッドウェイでは捕虜を茹で殺していた

大木　ところで、先に紹介した「水交会に澤地久枝さんを呼んで話を聞く」計画ですが、これは実現しました。元海軍士官の居並ぶなか、澤地さんは堂々とやって来ました。彼女もすごい度胸をしています。平気で敵地に乗り込んで、「海軍の言っていることは違うのではないでしょうか？」と尋ねるのですから。

戸髙　澤地久枝さんは素晴らしい。その後、『歴史と人物』でも澤地さんを囲んで討論会をしましたよね。

大木　ミッドウェイについて、やりました。

戸髙　「きちんと記録として残そう」と、横山さんがミッドウェイ海戦の海軍側の関係者と澤地久枝さんを呼び、誌上討論会をしました。いくら言われても、澤地さんはガンとして折れませんでした。

大木　彼女自身が見つけた戦闘詳報に則《のっと》って議論をすると、れっきとした海軍士官が「戦闘詳報を、一〇〇％鵜《う》呑《の》みにできるわけがないでしょう」と言うのです。「ええーっ!?」と思ったものです。今となっては、戦闘詳報をメイキングすることぐらいわかっていますが（第五章参照）、当時はまだ二〇歳過ぎで純真でした。「ええっ？　戦闘詳報をごまかしたらどうするんだよ」と思った（笑）。

戸髙　戦闘詳報とは、戦闘後に書く報告書ですが、ごまかせる部分とごまかせない部分がある。例えば、味方の艦隊を攻撃に来た飛行機をみな目の前で撃墜したならば、捕虜をたくさん拾っているはずです。情報を取るためにも捕虜を拾いますが、ミッドウェイの戦闘詳報には、一切捕虜の記録がありません。つまり、全員殺している。海軍としては非常にまずい。殺した記録も戦闘詳報にはありませんが、駆逐艦で拾って殺した例などを、自費出版の回想録で書いていた人もいたのです。澤地久枝さんはそれを知っていた。私は、彼女が連載をする最初から資料面で手伝っていますから。

兵士が勝手に殺したというよりは、命令を受けて行っている。命令時に即座に反応できなければ、兵士としての能力は認められません。それこそ五分前の精神で準備万端整えて待つべき、という雰囲気がありますから。

大木　横山さんは、捕虜を殺してしまった話をミッドウェイの特集でやろうとしていました。自費出版の書籍からその事実を辿ったのですが、本当にひどい殺し方をしています。

戸髙　その通りです。

大木　駆逐艦で拾った捕虜を、フネのボイラーに入れて茹《ゆ》で殺した。ところが、横山さんはその企画を断念しました。それは、その回想録を書いた下士官を横山さんが訪ねたら、「いや～、あの時はええもん見せてもらった」と笑っていたからだ、と。まったく反省がなかった。

戸髙　そのような本を古本屋で見つけて澤地久枝さんに渡したりしましたよ。

誌上討論会では、元海軍サイドが「そんなことはしていない」と言って、話は平行線を辿りました。その討論会の記録を活字にするため、整理する仕事を私が頼まれたのでわかっていますが、話をすべて起こした元原稿のうち、三分の一から半分近くまでを削っています。どうでもいい話の部分は削りましたが、話が緊迫するだけに、海軍側も一生懸命記憶を辿って発言していました。澤地さんは澤地さんで資料をもとに話すので、良い議論でした。

捕虜の足に重りを付け、そのまま海に放り込んだりもしています。司令部が尋問するから、その駆逐艦が拾った捕虜をよこせというので、空母「赤城《あかぎ》」を戦闘中に止める。そうして駆逐艦から捕虜を取っていますが、その記録はありません。ところが、機関科の戦闘詳報が別にあり、そこに「何時何分、機関停止」と書いている。戦闘の真っ最中に船を止めている。でも、なぜ止めたかは書いていない。だから、澤地さんは「捕虜を移すために止めたんだ」「それ以外に考えられない」と、一つひとつ突っ込むわけです。あの頃の航空隊の現場には、当時「赤城」に乗っていた人がいましたから。

大木　まだまだご健在でしたね。

戸高　澤地久枝さんは、さんざん苦労をして、生き残りを辿って資料を調べ、防衛庁（当時）が「ない、ない」と言っていた戦闘詳報の原本を発見した。そういう物を突き合わせて議論をしていますから、超白熱となったのです。

話を残すタイミング

戸高　張り切ってみごとにやった所と、人に言えないような話が、海軍内でチャンポンになっていました。それらをきちんと残そう、というのが海軍反省会でしたことです。海軍ＯＢの人たちも年齢が七〇代ぐらいになり、「良いことも悪いことも、ある程度残さなければ」という気持ちになっていました。

大木　タイミングということもあるかもしれませんね。昭和二〇年代ではとても言えなかったが、今なら言える。それ以上遅れると……、

戸高　みんな、死んでしまう。

大木　生きていても記憶が怪しくなりますから。この討論会は昭和六〇年代初めにしているので、戦時に中佐、大佐だった人たちが七〇代半ばを過ぎたくらいですね。

戸高　戦争中に参謀をした人が、今の私の年齢だった頃です。みんなまだ元気でした。七〇

代半ばぐらいの人が一〇年強「反省会」をして、八〇代半ばになる。元将官クラスで九〇代初めだった人が一〇〇歳近くになり、「反省会」の途中でどんどん亡くなっていきました。最後には、もうこれ以上はやれない、と解散したわけです。みんな死ぬまで頑張った、とは言えます。

また話が飛びますが、保科善四郎さんのお葬式が、西麻布《にしあざぶ》の長谷寺《ちょうこくじ》で行われた時のことです。みぞれの降る寒い日でした。私は、史料調査会の会長で連合艦隊参謀だった関野さんを車に乗せて行きました。関野さんは体が弱いので、「こんな天気の日に外へ出たら、私が先に死んでしまう。誠に申し訳ないけれど、車の中からご挨拶させてもらいます」と言った。私に「記帳だけ、してください」と頼まれたので、私が記帳をしに行きました。するとテント内に、海軍兵学校四〇期から五〇期ぐらいの古いクラスの大佐が四、五人固まっていました。一〇〇歳ぐらいで死ぬと、もう友達がいなくなっています。お葬式に来る人も、ほとんど当人を知らない。義理で来ているような人ばかりになる。「いやあ、クラスメイトに弔辞を読んでもらえない葬式は嫌だよ」「クラスメイトが元気なうちに死ななきゃイカン」「次は俺だ」とある人が言うと、周りがみな「いや、俺が先だ」「俺が先だ」と、葬式の先陣争いをしていました。「ここで笑っちゃまずいんだろうな」と思いながら、帰ってきたことがあります。

どんどん亡くなっていく時期でもあったので、最後に思いの丈を言わなければ、という気持ちでみんな発言をしていました。『歴史と人物』での発言も、体調が良い時に証言を残せる作業になった、と言っていました。

カタパルトの故障ではなくストライキだった

大木　ガダルカナル島の砲撃で知られる、志摩亥吉郎《しまいきちろう》*23さんという方もいましたね。

戸高　志摩亥吉郎さんは明治以降の海軍資料をよく勉強していた人ですが、戦争中は戦艦「金剛《こんごう》」に乗っていました。

戦艦「金剛」は、ガダルカナル島に行き、米軍のヘンダーソン飛行場を撃つ。この飛行場をつくったのは日本ですが。おそらく日本の戦艦で一番主砲を撃ったのは、「金剛」でしょう。あの時は「金剛」だけでなく「榛名《はるな》」も行きましたが、ともかくどんどん撃つため、主砲の弾薬庫では激しい作業で、熱中症で死んだ兵士がいたほどです。それほど激しかった。

大木　志摩亥吉郎さんで印象的なのは、克明にガダルカナル島（ガ島）を砲撃した時の記録をつけていたことです。それをもとに原稿を書いてもらいましたが、面白かったのは、綿密に戦闘準備をしていたことです。陸上では、陸軍部隊がかがり火を焚《た》いて位置がわかるようにするなど、精密な記録でした。大砲、砲術系の人は緻密《ちみつ》だと思った覚えがあります。

戸高　大砲は数学で撃つからです。水平線の辺りを撃つのですが、当たるか当たらないかは、もう計算の世界です。

大木　はい。いわゆる「志摩艦隊」を率いていた志摩《しま》清英《きよひで》[*24]の義理の息子さんですよね？　お義父《とう》さんはレイテ戦で戦った。

戸高　そうです。志摩さんは元々、黒木《くろき》亥吉郎という名前で、兵学校トップの成績を残した人です。彼を志摩清英さんが養子にとり、姓が志摩になったわけです。

　ものすごいエリートでした。カメラが趣味で、戦争中にたくさん写真を撮っています。トラック島で、遠くに「大和」や「武蔵」などが見える写真を撮っている。インド洋作戦の時は、撃墜した飛行機が海面で燃えている様子やその煙、「金剛」の艦上でのスナップや、ガダルカナルに向かう最中の「金剛」のスナップも撮っています。戦後もそのネガを持っていました。記録を残したり、調べものをしたりする学者的な面がありました。だから明治以降の海軍のことにも詳しく、島田《しまだ》謹二《きんじ》[*25]さんのような研究者にアドバイスをした人でしたね。

大木　『ロシヤにおける広瀬《ひろせ》武夫《たけお》』を書いた人ですね。

戸高　そうです。『ロシヤ戦争前夜の秋山真之《あきやまさねゆき》』（朝日新聞社）という二冊組の厚い本を出したときに、お手伝いをしたことがあります。このために、一九九〇年に神田《かんだ》の学士会館で出版記念会が開かれた時に私も招待されたのですが、私の席はなんと司馬《しば》遼太郎《りょうたろう》ご夫妻の正面で、島田謹二さんに紹介してもらいました。

大木　島田謹二さんと志摩亥吉郎さんは、このときに揉《も》めましたよね？

戸高　志摩さんが貸した資料を島田さんはなかなか返さない、といって喧嘩《けんか》していますね。

大木　なぜ覚えているかというと、私にまで志摩さんが愚痴をこぼしたからです。「『ロシヤ戦争前夜の秋山真之』、君、あれはどう思うかね？」と訊《き》かれたので、「良い本じゃないですか？」と答えると、「いや、あれを書いた男は、俺の資料を持っていって返してくれないんだよ」と（笑）。

戸高　最後には返してもらうことになりますが。返してもらうためのお使いには、実は私が行きました。

大木　そうでしたか。

戸高　資料を返してもらってケリがついたので、志摩亥吉郎さんは「じゃあ、もう俺が持っていてもしょうがないから、君、持っていていいよ」と言われました（笑）。要するに、筋が通ればスッキリする人です。

ミッドウェイの話に戻りますが、ミッドウェイでアメリカの空母を探す偵察機・「利根《とね》」四号機が、カタパルトの故障により発進が遅れます。それにより、米艦隊の発見が遅れる。なぜそのようなことになったのか調べたのは、宮崎勇《みやざきいさむ》*26（海兵五八期）さんでした。軍令部の参謀だった宮崎さんは、戦後も調べ続けていました。その調査によると、夕方に甲板整列といって、兵隊のお尻《しり》をこん棒でぶん殴るのが激しすぎたため、みんな半分ストライキ状態だったそうです。巡洋艦には普通、カタパルトは二個あります。故障しても、すぐに代わりを出せるということです。ところが、本来なら代わりを出さないといけないほうがストライキを起こしていたので動かなかった。「俺たちの方に命令が来たわけじゃない」と。それで遅れたのだ、と言っていました。宮崎さんが、飛行科の人たちに聞いて歩いた結果です。こんなことを書いてある本はありません。

ドイツは真珠湾攻撃にショックを受けた

戸高 小島秀雄《こじまひでお》さん（海軍武官）や豊田隈雄《とよだくまお》さん*27（海軍武官補佐官）は駐独武官で、戦争中はドイツにいました。

大木 そうですね。豊田隈雄さんは飛行機が専門ですね。

戸高 元々、豊田隈雄さんは飛行機乗りで、操縦もできました。この人がドイツに派遣されて行く。ドイツはヒトラーが張り切って頑張っている時期ですが、独ソ戦でなかなかうまくいかず、足踏みをしていた。ある朝電話がかかってきて、豊田さんが取ったところ、ゲーリング*28からだった。「日本海軍がハワイを攻撃したというニュースが来たが、これは本当か？」と尋ねられたと言います。

大木　それは私も聞いたことがあります。

戸高　真珠湾攻撃は完全に極秘作戦だから、豊田隈雄さんも知らなかったみたいです。自分のほうがビックリした、と。後で聞きましたが、実はドイツのほうが驚いていたそうです。魚雷で戦艦を沈めたことがドイツにとっては大きなショックだった。ドイツは、航空魚雷はものにならないと思って開発を途中で中止していたそうですね。

大木　いや、中止まではしていないんです。生産はしていましたが、第二次世界大戦開戦時で、月産五本にすぎなかったのです。

戸高　重視していなかった、ということですね。

大木　そうです、あまり効かないと思っていました。

戸高　開発に力を入れていなかった。ところが、日本の海軍が航空魚雷で戦艦を沈めたので、ゲーリングが直接豊田隈雄さんに訊いてきた。「日本の海軍はドイツに隠して秘密兵器を持っている、きちんと報告しろ」というニュアンスで責められたこともある、とも言っていました。

それはさりながら、ゲーリングの自宅でお祝いパーティーをするからと、小島秀雄さん以下、武官も全員呼ばれたそうです。ゲーリングの家は、庭の中で鹿狩りができるほどに大きく、地平線まで自分の庭みたいな家だった。庭の中は山あり谷ありですごい大金持ちだ、と感じたそうです。お客さんが来ても、普段は自分から出迎えはしないゲーリングが、豊田さんたちが訪ねたときは玄関まで出て来たそうです。それほどに、真珠湾攻撃の成果はドイツにショックを与えた。モスクワ前面で総崩れになりかかり、ヒトラーが頭を痛めていた時だからホッとしたんだろう、と言っていました。

大木　ＰＱ17船団[*29]を撃滅した時、ドイツは航空雷撃をしていますね。あれはおそらく、真珠湾攻撃で受けたショックが回り回って伝わった結果だと思います。

戸髙　恐らくそうですね。ドイツも、始めると早いから。例えば、Ｊｕ88などの双発機で「雷撃」をできるようにしている。極端なのは、戦闘機まで雷装できるように研究していることです。

大木　そうです。もちろん、積んだらよたよたとしか飛べませんが。

戸髙　実戦には使わないけれど、ありとあらゆるもので実験をしました。そうするほど、雷撃は破壊力が大きいと思い、力を入れることになったわけです。

大木　ちなみに、ゲーリングは子どもみたいな趣味があったので、大邸宅には鉄道模型の大レイアウトがあったそうです。そこにギミック（仕掛け）があり、パカッと天井が開いて模型の急降下爆撃機がスッと降りてきた、というお話でした。

戸高　それは聞いたことがありませんでした。

大木　そういうものが簡単に付けられるぐらいの大豪邸に住んでいた、と。

戸高　ナチの幹部は貴族趣味の者ばかりです。

大木　私が豊田隈雄さんに聞いたのは、真珠湾攻撃の日、副官にかけさせるのではなく、ゲーリングが直接電話をかけてきて「おめでとう」と言った、ということです。

戸高　日本海軍の評価がドイツではわりと高く、日本の海軍武官にはよくしてくれました。話が通じないと、ヒトラーに直接言って何とかしてもらうこともできたそうです。

ドイツの空襲被害は溺れて死ぬか、焼けて死ぬか

戸高　ドイツ戦闘機の最後の名作と言われたフォッケウルフ。その設計者のクルト・タンク[*30]と豊田隈雄さんは二人だけで練習機に乗って飛んだ、と言っていました。

大木　危ないことを（笑）。

戸高　交互に操縦桿《かん》を握り、「これからは平和な空を飛びたいね」と話しながら、空の散歩を楽しんだそうです。ドイツが空襲を受けるようになり、途中で防空戦闘が重要になったため、ヒトラーは爆撃機の生産を止めて、戦闘機一本にしたことがあります。豊田隈雄さんは飛行機に詳しいので、「その瞬間、ああ、もうドイツは勝てないと思った」そうです。戦争

は爆撃機で相手を叩《たた》かなければいけない。守っているだけでは勝てないのに、防御用の戦闘機ばかりつくるようになったため、「これはもう、勝つチャンスはない」「負ける時期が延びるだけだ」と。

日本でも空襲はよく「大変だった」と言いますが、ドイツの空襲は日本の受けた被害より桁《けた》外れに大きいです。

大木　一九四二年の段階で、連合軍は双発と四発（左右の主翼に二基ずつ計四基のエンジンを搭載したもの）の重爆撃機を一〇〇〇機投入して、大聖堂で有名なケルンを爆撃しています。

戸髙　一〇〇〇機単位ですからね。日本は、いいところ数百機単位でしょう。豊田隈雄さんが言うには、一〇〇〇機以上も来ると、あちらの地平線からこちらの地平線まで、川の流れのように爆撃機が連なっている。それらが飛んできて、目標の町の上まで来ると、みんなバラバラ、バラバラと、同じように爆弾を一日たゆまず同じ所に落とす。それを見て、とても勝てないと思ったそうです。

さらに印象的だったのは、この話です。古い町は石造りです。石造りの町が爆撃を受けて一日中燃えると、石造りでも中はすべて木だから燃えます。先般、火事で燃えたノートルダム寺院のようにバンバン燃える。すると、町中がパン焼き窯《がま》の中のようになるそうです。外にいても焼け死ぬほどの、凄《すさ》まじい空襲。

大木　石の町は後片付けも大変ですね。日本だと、焼けたら焼け野原ですが……。

戸高　石の町は、瓦礫《がれき》が残ります。

大木　再建も、土台の瓦礫を除去しないとできません。

戸高　地下室へ逃げると蒸し焼きになるため、消防車が来て水を入れるそうです。すると溺《おぼ》れて死ぬか、焼けて死ぬかという選択になる。それほど空爆は凄まじい。だから、彼は後で聞いた日本の空襲の話には、大したことはないという顔をしていました。口にはしませんでしたが。

大木　豊田隈雄さんと言えば、思い出す話があります。ドイツに赴任するとき、まだ独ソ開戦前ですから、シベリア鉄道で行った。駐在武官なので、管轄は軍令部です。軍令部から「バイカル湖近辺の鉄橋に差し掛かる時、その橋桁を雷撃して落とせないか、よく見てこい」と言われたそうです。私は「ええっ？　そんなことができるんですか？」と思わず聞き返しました。「それぐらいできるよ、君」と。動いている船ではないので、海軍の雷撃機乗りには朝飯前の仕事だったのかもしれません。豊田さんは仕方なく、バイカル湖の鉄橋手前で準備をしていた。すると、そこで列車が止まったそうです。「相手も、そういう所を見せたくないから、夜、真っ暗になってから動き出すんだよ」ということでした。

戸高　なるほど、向こうもわかっているんですね。

大木　リアリティのある話です。豊田隈雄さんは、車掌が通り過ぎたのを見計らい、本当はブラインドを下げろと言われていたけれども、少し開けて外を見た。すると、びっしり窓が結露して、それが氷になってしまっていて外が見えない。その時、海軍ナイフ（水兵がマストなどに登って高い所で作業するとき携行するナイフ。落ちると危ないため、切っ先を落としてヘラのようになっている）をもっていたので、そのナイフでガリガリ、ガリガリと氷を削って落として外を見た。ところが、真っ暗で何がなんだか結局わからなかった、そうです。

戸髙　海軍ではそのナイフは「メス」と言うんです。日本軍は、事と次第によってはその辺まで行く気だった、というのがわかる話ですね。

大木　もし日ソ戦になっても、バイカル湖付近の鉄橋を落とせばシベリア鉄道の補給を断ち切ることができるので、そのような発想がどこかにあったのではないでしょうか。

戸髙　武官は、外国で何年も勤務しているので、面白い体験談を持っていますよね。海軍にも諜報《ちようほう》情報は入っていましたが、大事なのは、受け取った側の判断能力です。良い情報なのか悪い情報なのか、受け取る方は真剣に取っても、偽情報であることもある。だから、情報は受け取った人間が正しく判断できるかどうかが重要になります。繰り返しになりますが、向こうから情報が来ても、都合の良い情報は信じ、都合の悪い情報は信じないという傾向が、日本側には常にあった。

大木　当時の駐独海軍武官府の中で一番偉かったのは小島秀雄さんですが、ヒトラーに直接会ったと言っていましたね。

戸高　そのようですね。困っていることがあった際、ドイツのナチの窓口に行っても埒《らち》が明かないことがあった時など、直接ヒトラーに言うとすぐ話が通ったと言っていました。

大木　ドイツの軍人グデーリアン[*31]を、小島さんだけはきちんと発音していました。妙なところに音引きのある発音なので、戦後もずっと「グーデリアン、グーデリアン」と発音する陸軍の人たちが多かったのですが。

戸高　それこそ、小島さんは現場にいた人ですから。

大木　グデーリアン本人に会っていますからね。小島秀雄さんは、ずっとドイツ派、知独派の人で、戦後は日独協会の副会長をしています。日独協会の会長は三井高陽《みついたかはる》[*32]さんでしたが、これは名誉職ですから、副会長は実務でナンバーワンということです。

戸高　確か戦後、ヒトラーについて聞かれた時、「ああ、ヒトラー、良い奴だったよ」と答えたらしい。

大木　ドイツ海軍も、小島秀雄さんの言うことは、わりと聞いてくれたそうですね。

戸高　ドイツ軍との直通ルートをきちんと持っていたのです。ただ、実際は日本が戦争に加わった真珠湾攻撃直前には、ドイツの力は落ちていたわけです。ところで、小島さんの遺族がつかまりません。

大木　亡くなられましたよ。小島秀雄さんのご子息に、「小島日記」を見せてもらったことがあるので、知っています。息子さんは教会の神父さんでして、私はお葬式に行きました。彼が亡くなって、おそらく小島家の直系は絶えたはずです。

戸髙　そうでしたか。海軍反省会で、関係者の遺族を探した時に、どうしても見つからなかったのです。

スイス終戦工作の失敗は功名心にあった

大木　先ほど、情報を受け取る側の姿勢が重要だ、という話がありましたが、終戦時にスイスにいた藤村義一《ふじむらよしかず》さんを思い出します。ダレスと接触した藤村さんがせっせと情報を送ったのに、軍令部で握りつぶされたという話です。

戸髙　本人はそう言いますが、いんちきなのです。日本の終戦間際、ダレスによる工作がありました。その窓口になったのが藤村さんで、海軍反省会にもよく出てきました。「自分はこうやって情報を送るけれど、海軍省が信用しない」「中佐ごときが何やっとる！」などと言っていました。すると、保科善四郎さんが怒り出す。保科さんは当時、海軍省でその情報を受けていた当人だからです。藤村さんが送ったという日付と、保科さんが受けたという日付が全く違う。

大木　藤村義一さんは、本来はドイツ駐在海軍武官府の人です。小島秀雄さんなど歴代の海軍武官は、戦争中はスイス経由で情報活動、のちには終戦工作をしたらしい。そこで、藤村さんは派遣されてスイスに駐在していた、と聞きました。

戸高　ダレスとの接触は、本当は小島秀雄さんがするはずでした。ところが、小島さんが潜水艦で赴任した瞬間、イギリスのBBCで「このたび、潜水艦で日本から重要な人間――小島中将――がドイツを訪問し……」などと流れている。重要な任務を負ってきた人間が来たことがばれてしまっていた。そのため、スイスは小島さんにビザを出さなかったのです。小島さんは動けなくなってしまったので、藤村義一さんを代わりに行かせた。

その時、藤村さんには少々功名心があった。自分が終戦工作をしたことにしようと、小島さんの命令で動いたことなのに、海軍省に送った電報には、自分の名前しか入れなかった。だから、海軍省は信用しなかったのです。「小島の命令で」と言えば、「そうか」と信用するのに。歴史的な和平工作を、藤村さんは功名心に逸《はや》って自分の名前だけを出し、そのために失敗した。しかも、藤村さんは戦後、海軍省の反応が遅かったと言うために、実際に出した日付より一か月ほど早く送ったと言ったのです。反省会では保科善四郎さんと面と向かって喧嘩していました（笑）。保科さんは当然、「俺が海軍で受けた日付は違う」と言いますから。

大木　戦争中、ドイツに駐在していた海軍の人が、「海軍伯林会《ベルリン》」という戦友会のような会をつくっていました。あそこでも、藤村義一さんは評判が悪かったですね。

戸高　「やはりこいつの言動はおかしい」となっていた。

大木　確かに。彼はGHQの尋問記録（戦略爆撃調査団の尋問をもとにしたもの）を、最初は雑誌『文藝春秋』に出しました。その後も複数のヴァージョンで出しています。それらを見たことがありますが、やはりだんだん「俺がやった」感が強くなっていました。

戸高　スイスでの終戦工作は、勇み足というか、名誉心、功名心に逸った結果です。彼の行動によって、全体の流れが阻害されたところがある。海軍反省会に、そのことでガンガン文句を言われながらも、毎回出席して話していたのは面白いなと思いますが（笑）。保科善四郎さんに責められるとわかっていても、保科さんが動けなくなるまで、毎月出席していました。これはすごい執念です。最後の執念のようなものは、本当にあります。

一二月八日は運命的なタイミングだった

戸高　先ほどの話で、駐ドイツ武官にヒトラーやゲーリングと直通ルートがあったのは、武官という役職がわりと格上だからです。

大木　しかも小島秀雄さんは、海軍少将でした。戦争が始まっているので、日独伊軍事委員会のような調整を図る組織の代表でもありました。だから、普通の武官よりランクが高かった。陸軍の大島浩《おおしまひろし》*33もガンガン食い込んで、大使になってからは、ヒトラーと何度も会っています。

戸高　大島浩も一種、功名心に逸るタイプで暴走した。大島の行為で一番いけないことは、それこそ情報を握りつぶしたことです。東部戦線が崩れかかっているという情報を日本陸軍がつかんだ。休暇から帰ってきた現場のドイツ軍の指揮官らがそのような話をしたにもかかわらず、大島はその電報を日本に打たせなかった。つまり、握りつぶしたわけです。

大木　私は最初、大島浩と小島秀雄さんの仲が悪いのかと思っていたのですが、そうでもなかったようですね。

戸高　個人的に仲が悪かったのではないはずです。とはいえ、海軍側としては、陸軍側の部下が何を考えてどういう報告をしているか知りません。海軍側もあまり教えないでしょう。もし「東部戦線が足踏みしている」ことがはっきりと日本側に伝わっていたら、一二月八日の開戦決意は遅れたと思います。一二月八日は、ドイツが崩れた当日のような日ではないですか。

大木　モスクワ前面で反撃が始まり、ドイツ軍が崩れだしたころです。そういうときに、日本は真珠湾攻撃をした。

戸高　だから、「ひと月かふた月待てよ」「様子を見よう」となっていたら、ドイツが一気に負け始め、「ここで戦争に踏み込むのは、さすがにリスクが大きい」と思ったことでしょう。あの一二月八日のタイミングは、運命的なタイミングでした。海軍も最初は、万々一戦争になるとしても、年が明けてからのほうが良いと判断していました。岡敬純が富岡定俊さんに「一二月頃開戦準備で話が進んでいるけど、春まで、二月か三月まで延ばせないか？」と聞いていますから。すると、富岡が純粋に戦術的な意味で、「そこまで待つと米軍の戦力が高くなるから、やるなら早くしないと戦争にならない」と答えています。そのようなこともあり、一二月八日が確定しました。だから、ひと月ドイツの様子を見る時間があったら、相当考えたことと思います。

大木　大島浩は自ら東部戦線に視察に行っていました。

戸高　だから自分では知っていた。

大木　ドイツ軍の中央軍集団司令官から、「ソ連は第一次大戦のときと違って粘る。なかなか難しい」と聞かされています。

戸高　ところが、景気の良い話ではないからと、本国になかなか報告しません。「勝っている」という報告は送るが、軍人の本能で、負けている話はあまり聞きたくないのかもしれない。

大木　そうですね、それはあったのではないでしょうか。

戦犯裁判への対応

大木　再び豊田隈雄さんの話になりますが、彼は戦後、戦犯裁判にも尽力し、裁判終了後は聞き取り調査や史料収集を行い、本も書いています。その点では何かありますか?

戸髙　戦後、おしなべて日本にいた軍人は全員、戦犯対象者です。一方、戦争中に日本にはいなかったから中立的だということで、豊田隈雄さんは法務省参与となり、戦犯裁判にかかわるわけです。海軍は、繰り返しになりますが戦後も一枚岩で統制が利いていた。だから、GHQから呼び出しが来た人は、必ず事前に二復の豊田さんたちのグループの所に行き、「これこれこういう用件で呼ばれ、これから行きます」と報告していました。終わると「このような話をされ、このように返事をしました」と、また報告した。事前対策として「あれとあれの話はしないように」「あれは死んだ人のせいにしてもらおう」ということを、公式に行っていたのです。

大木　彼は、ベルリンはもう危ないと逃げた先の南ドイツで捕虜になりました。その後、アメリカ経由で日本に帰ってきましたよね。

戸髙　そうです。豊田隈雄さんは、「アメリカ人は、筋が通れば話のわかる人間だ」と、アメリカで感じていました。だから、裁判の時も遠慮はせず、主張することは主張していました。しかし、基本的に日本側の被害を小さくしたいものですから、戦死した人に責任を多く負ってもらう形を取ろうとしていました。

例えばインド洋で連合軍の貨物船を沈めた時、乗組員まで殺した事件がありました。このような事件は、向こうがすべて証拠を握っているから手の打ちようがありません。実際に戦争犯罪ですし。一方、そこまで仔細《しさい》が判明していない別の事件については、だんまりを決め込んだり、既に亡くなっている方へ責任を負わせたりするといった打ち合わせをしたわけです。そのように、戦犯裁判の対応をしていたわけです。豊田さんは戦後も長く法務省の顧問を務め、戦犯関係の史料を全部、ロッカー何個分かに整理して法務省に納め、リタイアしました。それがすべて公開されたのは最近のことです。

大木　はい、そのように聞いています。

戸高　公開されるまで、なかなか時間がかかりました。

大木　戦犯裁判の文書は法務省と厚生省で抱え込み、なかなか見せてくれませんでしたから。

戸高　七〇年近く経ち、ようやく出るようになりました。戦犯裁判の対策に関しても、海軍の人たちはかなり動いています。

砲術の大専門家が真珠湾攻撃をマズイと思った理由

大木　インド洋の戦犯からの繫《つな》がりで、黛治夫さんの話もお願いします。

戸髙　インド洋でもっとも問題になったのは、イギリスの貨物船「ビハール号」を沈めたことです。沈めたのは、黛さんが艦長だった重巡洋艦「利根」でした。彼は人間的に真面目なので、海に落ちて浮いていた人を全員救助しました。救助してマニラ辺りに連れて行き、陸軍に渡そうとした。すると、途中で司令部から「処分しろ」と言われる。民間人もいるため抵抗しますが、結局命令に抗しきれず「処分」をした。言葉は悪いですが。それが原因で、黛さんは後年、香港《ホンコン》で禁錮《きんこ》七年の判決を受けています。

大木　黛さんは、海軍でいうところの鉄砲屋の親分で、大砲、砲術の大専門家ですね。

戸髙　大権威です。「大和」で艤装《ぎそう》員（艤装は装置や設備を取りつける工程。竣工に至る稼働チェックをする上で重要な作業）の時の副長兼砲術長でした。大砲はまだありませんでしたが。

大木　とにかく大きな船のため、「車曳《ひ》き」（海軍省や軍令部ではなく、駆逐艦などの現場勤務でキャリアを重ねた者を指す、海軍の隠語）とは言わないまでも、船乗りキャリアで、砲術の大家だった。

戸髙　砲術学校の教頭も務めていました。日本の海軍で黛さんを知らない人間は一人もいない、というほどでした。

大木　はい。風貌《ふうぼう》は、大井さんと対象的で、短軀で少しブルドッグのような印象ですね。一方の目を悪くされ、サングラスをかけていました。あれは砲術関係のことが原因でしょうか？

戸高　いや、糖尿か何かじゃなかったでしょうか。片方の目を失明していましたね。

大木　眼鏡の片方だけがサングラスでした。

戸高　両方サングラスにせず、片方だけが黒かった。

大木　戦後も大艦巨砲主義者で、「艦隊決戦でやれば勝てたんだ」とずっと言っていました。粗野な感じはない、元気の良い人でしたが、やはりインド洋の話になると、居心地が悪そうでした。

戸高　それは仕方がありません。裁判の時にも、海軍内部で命令を出した、出さないと揉めて、苦労した人です。

大木　私は黛治夫さんというと、この話を思い出します。「大和」艤装員として東京に出張した時、黒島亀人《くろしまかめと》に「実は真珠湾をやる」と耳打ちされ、黛さんは、「これはイカン」と思ったそうです。それは、航空隊でやるのがいけないからだ、と。「比叡《ひえい》」や「金剛」などの高速戦艦四隻で真珠湾の港外に行き、水上機で観測しながら九一式徹甲弾を撃てば太平洋艦隊は全滅だ、という案を立てた。それを具申するのを思いとどまったのはなぜかと言うと、どこまでも鉄砲屋としての理由によります。九一式徹甲弾を使うと、万一それが回収されたら、機密がアメリカにバレてしまうからだ、と。さらに、この懸念は実際に当たっていたのですが、海が浅いから真珠湾に沈めてもサルベージされて生き返ってしまう、だからやめたと言うのです。

戸高　太平洋に連れてきて沈めれば、何千メートルも沈んで本当の撃沈になる。ところが、港の中に沈めてもすぐに浮き上がってしまう、と言っていましたね。日本の大砲はアメリカより三倍よく当たる、というのが持論でした。私が「黛さん、でも実際には当たっていないではないですか」と言うと、「う～ん、それは砲術の訓練の問題もあるよ」などと言っていたものです（笑）。実際は、日本の大砲は当たりませんでした。黛治夫さんは不本意だったと思います。

　彼は、最後は海軍の化学戦担当のトップである、化兵戦部長になりました。要するに、本土に上陸された時にはどうするかと、毒ガスや細菌を使わざるを得ないかもしれないと、準備をしていたわけです。最後の研究会に学者が来て、「これは危険だ。これを使ったら向こうも使うだろうから、やめた方が良い」と話したところ、一緒にいた参謀連中が「事ここに至っては、もうそんなことを言っていたらいかん」と言って揉めた。そのときに、黛さんが一言、「専門家の言うことを聞け！」と言って場を収め、中止になったということがあります。

大木　迫力のある人でした。声もよく通りましたし。

戸高　鉄砲の人は、みんな声が大きいのです。耳の間近でドッカンドッカンやるので、大砲の人はだいたい難聴になっています。難聴で自分の声が聞こえないから、声が大きくなる。私はいつも怒鳴られているのかな？　と思っていましたよ。

別の参謀に中島親孝《なかじまちかたか》さん＊34という人がいます。通信参謀として有名ですが、彼ももとは大砲でした。「戸髙くんをお願いします」と電話がかかってきて、「はい、私です」と出ると、さらに三回ぐらい「戸髙くんをお願いします」と大きい声で繰り返す。よく聞こえないからです。とても冷静な人で、情報分析に関しては海軍随一と言われ、通信情報でアメリカ海軍の行動をほとんど正しく判断していた人です。戦後も史料調査会や海軍反省会で、とても冷静な分析の話をよくしていました。

＊1　中曽根康弘　一九一八〜二〇一九年。政治家。一九四一年、東京帝国大学法学部卒業後、内務省に入省。同年、海軍短期現役制度により、海軍主計中尉に任官。最終階級は海軍主計少佐。戦後、内務省に復帰するも、依願退職し、政治家に転じる。運輸大臣、防衛庁（現防衛省）長官、通産大臣などを経

て、一九八二年に内閣総理大臣。回想録の『自省録――歴史法廷の被告として』（新潮社、二〇〇四年）をはじめ、著書多数。

＊2　新見政一　一八八七～一九九三年。海軍中将。海兵三六期。海軍兵学校校長、第二遣支艦隊司令長官、舞鶴鎮守府司令長官等を歴任。著書に『第二次世界大戦戦争指導史』（原書房、一九八四年）がある。

＊3　福地誠夫　一九〇四～二〇〇七年。海軍大佐。海兵五三期。海軍省副官兼海軍大臣秘書官として、吉田善吾、及川古志郎、嶋田繁太郎の三代の海軍大臣に仕えた。終戦時は海軍省人事局員。

＊4　松田千秋　一八九六～一九九五年。海軍少将。海兵四四期。戦艦「大和」艦長、大本営海軍部第一部参謀、第四航空戦隊司令官、横須賀航空隊司令などを務める。

＊5　高須四郎　一八八四～一九四四年。海軍大将。海兵三五期。第四艦隊司令長官、第一艦隊司令長官、南西方面艦隊司令長官などを務める。一九四四年に戦病死。

＊6　小柳冨次　一八九三～一九七八年。海軍中将、海兵四二期。戦艦「金剛」艦長、第二水雷戦隊司令官、第一〇戦隊司令官、第二艦隊参謀長等を歴任。著書に『栗田艦隊』（潮書房、一九五六年）。

＊7　黛治夫　一八九九～一九九二年。海軍大佐。海兵四七期。戦艦「大和」副長、第三遣支艦隊参謀、海軍砲術学校教頭、巡洋艦「利根」艦長など。著書に『海軍砲戦史談』（原書房、一九七二年）。

＊8　野村直邦　一八八五～一九七三年。海軍大将。海兵三五期。第三遣支艦隊司令長官、日独伊混合専門委員会軍事委員、海軍大臣、海上護衛司令長官などを務める。著書に『潜艦U－511号の運命』（読売新聞社、一九五六年）。

＊9　**佐薙毅**　一九〇一～一九九〇年。海軍大佐。海兵五〇期。連合艦隊参謀、軍令部第一部第一課勤務、南東方面艦隊兼第一一航空艦隊参謀など。戦後、航空自衛隊に入り、航空幕僚長を務める。最終階級は空将。

＊10　**草鹿任一**　一八八八～一九七二年。海軍中将。海兵三七期。海軍兵学校校長、第一一航空艦隊司令長官、南東方面艦隊兼第一一航空艦隊司令長官など。著書に『ラバウル戦線異状なし』（光和堂、一九五八年）など。

＊11　**三代一就**　旧名「辰吉《たつきち》」。一九〇二～一九九四年。海軍大佐。海兵五一期。軍令部第一部第一課勤務、第一一航空艦隊参謀、南東方面艦隊参謀、第七三二航空隊司令等。

＊12　**石川信吾**　一八九四～一九六四年。海軍少将。海兵四二期。海軍省軍務局第二課長、南西方面艦隊参謀副長、第二三航空戦隊司令官、軍需省総動員局総務部長、運輸本部長・大本営戦力補給部長などを歴任。著書に『真珠湾までの経緯』（中公文庫、二〇一九年）、大谷隼人名で刊行した『日本之危機』（森山書店、一九三二年）などがある。

＊13　**岡敬純**　一八九〇～一九七三年。海軍中将。海兵三九期。海軍省軍務局長、海軍次官、鎮海警備府司令長官などを歴任。戦後、東京裁判でA級戦犯として終身禁錮刑を宣告されるも、一九五四年に仮釈放される。

＊14　**高田利種**　一八九五～一九八七年。海軍少将。海兵四六期。第二艦隊主席参謀、軍務局一課長、第三艦隊主席参謀、連合艦隊主席参謀、軍務局次長、などを経て、兼軍令部第二部長兼大本営海軍部戦備部長で終戦を迎える。

＊15　**高木惣吉**　一八九三～一九七九年。海軍少将。海兵四三期。海軍省調査課長、舞鶴鎮守府参謀長、海軍省教育局長、海軍大学校研究部員など。戦後、東久邇宮《ひがしくにのみや》内閣の内閣副書記官長。『自伝的日本海軍始末記』（光人社、一九八六年）など著書多数。

＊16　**福井静夫**　一九一三～一九九三年。海軍技術少佐。武蔵高校（旧制）を経て、一九三六年に海軍造船学生。一九三八年、東京帝国大学工学部卒業。連合艦隊司令部付、海軍技術研究所所員、呉工廠《くれこうしょう》造船部勤務、海軍艦政本部造船監督官など。戦後、第二復員省事務官、運輸技官を経たのち、旧海軍の艦船研究に後半生を捧げた。『日本の軍艦』（出版協同社、一九六一年）など著書多数。

＊17　**平賀譲**　一八七八～一九四三年。海軍造船中将。一八九九年、海軍造船学生。一九〇一年、東京帝国大学工科大学造船学科卒業。海軍技術研究所造船技術研究部長、同研究所長など。退役後、東京帝国大学教授に就任。一九三八年、同総長。著書に『平賀譲遺稿集』（出版協同社、一九八五年）がある。

＊18　**山本開蔵**　一八六八～一九五八年。海軍造船中将。一八九三年、帝国大学工科大学造船学科卒業。造船監督官、造船総監、海軍艦政本部第四部長など。

＊19　**山本権兵衛**　一八五二～一九三三年。政治家・海軍軍人。海軍大将。一八六九年、海軍操練所入所。一八七四年、海軍兵学寮卒業。海軍省主事、同軍務局長、海軍大臣、軍事参議官などを務め、日本海軍の育成に大功を挙げた。一九一三年から一九一四年、また一九二三年から一九二四年の二度にわたり、首相となった。

＊20　**財部彪**　一八六七～一九四九年。海軍大将。海兵一五期。海軍次官、第三艦隊司令長官、舞鶴鎮守府・佐世保鎮守府・横須賀鎮守府司令長官、海軍大臣などを歴任。第一次ロンドン軍縮会議（一九三〇

年）には、全権として派遣された。日記が『財部彪日記』（上下巻、山川出版社、一九八三年）として出版されている。

＊21　**高橋定**　一九一二〜二〇一五年。海軍少佐。海兵六一期。筑波海軍航空隊分隊長、第三一航空隊副長兼飛行長、空母「瑞鶴《ずいかく》」飛行隊長、横須賀海軍航空隊飛行隊長など。戦後、保安庁警備隊を経て、海上自衛隊に入る。第三航空群司令、第一術科学校校長、幹部学校校長等を歴任。最終階級は海将。著書に『飛翔雲』（海上自衛隊航空集団、一九七八年）。

＊22　**井上成美**　一八八九〜一九七五年。海軍大将。海兵三七期。海軍省軍務局長、支那方面艦隊参謀長、海軍航空本部長、第四艦隊司令長官、海軍兵学校校長、海軍次官等を歴任。

＊23　**志摩亥吉郎**　一九？？〜一九？？年。海軍中佐。海兵六〇期。砲艦「堅田《かたた》」乗組、第八根拠地隊参謀、戦艦「金剛」乗組など。

＊24　**志摩清英**　一八九〇〜一九七三年。海軍中将。海兵三九期。第一九戦隊司令官、第一六戦隊司令官、第五艦隊司令長官などを務める。

＊25　**島田謹二**　一九〇一〜一九九三年。比較文学者。一九二八年、東北帝国大学文学部卒業。台北大学講師、台北高等学校（旧制）・第一高等学校（旧制）教授等を歴任。戦後は東京大学教授として、比較文学の研究を進めた。『ロシヤにおける広瀬武夫』（弘文堂、一九六一年）など著書多数。

＊26　**宮崎勇**　一九一一〜？？年。海軍中佐。海兵五八期。「清霜《きよしも》」駆逐艦長の後、軍令部作戦課部員。

＊27　**豊田隈雄**　一九〇一〜一九九五年。海軍大佐。海兵五一期。海軍省人事局第一課勤務、駐独海軍武官補佐官を歴任。戦後、第二復員省、厚生省（現・厚生労働省）などに勤務。著書に『戦争裁判余録』

（泰生社、一九八六年）。

＊28　**ゲーリング**　ヘルマン・ゲーリング。一八九三～一九四六年。ナチスドイツの空軍総司令官・航空大臣。戦後、ニュルンベルク裁判で死刑を宣告されたが、獄中で服毒自殺。

＊29　**PQ17船団**　対ソ支援物資を運ぶイギリスの輸送船団。一九四二年六月から七月にかけて、ドイツ海空軍の猛攻を受け、壊滅的な被害を受けた。

＊30　**クルト・タンク**　一八九八～一九八三年。ドイツの航空機設計者。一九二四年にベルリン工科大学を卒業したのち、ロールバッハ金属製航空機製作会社に入社。その後、バイエルン航空機製造会社を経て、フォッケ＝ヴルフ航空機製造会社に入社。Fw189偵察機、Fw190戦闘機などの設計に当たった。ハインツ・コンラーディスとの共著『研究と飛翔』（*Forschen und Fliegen*, Göttingen et al., 1959）がある。

＊31　**グデーリアン**　ハインツ・グデーリアン。一八八八～一九五四年。ドイツ陸軍上級大将。第一九（自動車化）軍団長、第二装甲集団・第二装甲軍司令官、装甲兵総監、陸軍参謀総長代理などを務める。著書に『電撃戦』（本郷健訳、上下巻、中央公論新社、一九九九年）など。

＊32　**三井高陽**　一九〇〇～一九八三年。三井財閥創業者一族一一家のうち、南家の第一〇代当主。慶應義塾大学理財科・同大学院を修了したのち、一九二二年に三井鉱山に入社。ドイツ留学後、三井物産・三井鉱山取締役、三井船舶社長などを務めた。戦後、日独協会会長。『ドイツ文化史―交通史からの展望』（日独協会、一九五八年）ほかの著書がある。

＊33　**大島浩**　一八八六～一九七五年。陸軍中将。陸士一八期。駐独陸軍武官、駐独大使などを務め、日

独防共協定（一九三六年）をはじめとする日独接近に大きな役割を果たした。戦後、東京裁判でA級戦犯として終身禁錮刑を宣告されたが、一九五五年に仮釈放された。

＊34　中島親孝　一九〇五～一九九二年。海軍中佐。海兵五四期。第二艦隊、第三艦隊、連合艦隊、海軍総隊の参謀を歴任。著書に『連合艦隊作戦室から見た太平洋戦争』（光人社、一九八八年）がある。

第四章　海軍は双頭の蛇

——海軍編2

感情を残す

戸高　作戦ごとの話になりますが、例えば末国正雄《すえくにまさお》さん＊1は「翔鶴《しょうかく》」で第五戦隊の参謀をしていますね。

大木　はい。

戸高　珊瑚《さんご》海《かい》海戦の時、第四艦隊からの命令がうるさいので、自分で握りつぶしたことがある、と言っていました。それこそ目の前で戦っている時に、遥《はる》か後方の司令部からうるさいことを言われるのが鬱陶《うっとう》しかったのでしょう。

大木　関連するものでは、三代《みよ》一就《かずなり》さんは、連合艦隊に対する怒りが強かったのでしょうね。あの人は激情家でしたね。

戸高　そうです。

大木　「三国同盟に反対する時も、俺は泣いた」と言っていましたし、ミッドウェイ作戦に反対したものの通ってしまった時も「俺は泣いた」と言っていました。

戸高　それは、大事なことだと思います。要するに文章の記録だと、「〜があり、自分は反対したけれど、三国同盟が通ってしまって残念であった」と書く。「泣いてしまった」とは書かない。しかし、その時その人がどれほどの気持ちであったかは、言葉の記録にしか残りません。反省会の時にも、「自分はあんなに頑張ったので、悔しくって泣いちゃった」という話が出ました。そのような記録は文献には残らないものですが、大切なものです。
　つまり、談話や話の記録の大切さは、その人の知識だけではなく、その時の感情まで残ることです。先に述べた保科善四郎《ほしなぜんしろう》さんと藤村義一《ふじむらよしかず》さんの喧嘩《けんか》でも、怒っている怒り方、文句の言い方、それこそ喜んで言っているのか、怒りながら言っているのかが言葉に残ります。それが、談話記録の重要さです。これを知って文献を読むのと、何も知らずに文字だけを読むのとでは、理解度が変わります。

大木　水交会《すいこうかい》で、松田千秋《まつだちあき》さん、千早正隆《ちはやまさたか》さん、三代一就さんなど、軍令部に勤務していた経験がある人を八人ほど集めて大座談会をしたことがあります。我々外部の人間がいても、お構いなしで話していました。それだけ海軍の人間が集まると、身内で話をしているような錯覚を起こすようです。

戸髙　「貴様!」とか言い出しますから。

大木　ぽろっと言ってしまうんですよね（笑）。

戸髙　これは第五～終章とも関わりますが、歴史資料にも種類があります。長いあいだ、文献資料だけが歴史資料でした。ところが現在では、音声や写真も、歴史資料としての認知が進んでいます。昔は、歴史的に良い写真でも、ただの挿し絵としか思われていませんでした。それが現代では、写真からどれだけ歴史的な情報が汲《く》み取れるか、という研究もなされるようになりました。談話そのものの歴史資料性も、もう少しきちんと評価されてほしい。話した個人の性格まで研究しながら、「こう話した人がこの文章を書いた」という形で理解していくことが、踏み込んだ解釈のためには必要です。それが、生きた人の談話を聞いたときの価値の一部だと思います。

ソロモン航空戦と「大和」出撃

大木　そうですね。その点で言うと、三上作夫《みかみさくお》*2さんの話があります。三上さんは連合艦隊の「大和《やまと》」出撃命令を、参謀長の草鹿《くさか》龍之介《りゅうのすけ》*3と一緒に、第二艦隊司令長官である伊藤《いとう》整一《せいいち》*4に伝えに行った人です。

　三上さんは、戦後に知った事実により「そういうことだったのか」と、「大和」出撃の経緯について理解をしました。それでも心底不思議そうに話していました。三上さんとしては、「大和」を九州の南に置いて、「出すぞ、出すぞ」というポーズをとっておく。すると米軍は、それに対応するための飛行機なり軍艦なりを取っておかなければいけなくなる。その分特攻がうまくいく。「大和」の「位をきかせ」ると三上さんは言っていました。それがいつの間にか、本当に出すことになっていた、と。

　昭和天皇が「飛行機で特攻をやっているというが、海軍にはもう船がないのか」と尋ねた。

だから、「大和」を出さざるを得なくなったということも、戦後に知ります。当時は本当に、「どうして『大和』を出すんだ」と思ったそうです。

戸高　これも忖度《そんたく》になりますが、やはり天皇の発言は重いのです。「大和」の時もそうですが、誰もが一番理解できないのは、ソロモン航空戦です。

大木　い号作戦ですね。

戸高　そうです。いったんガダルカナルを放棄して引き下がったのに、そのガ島にどんどん飛行機を出して大消耗したわけです。回復不能なぐらい消耗した。不思議でしたが、海軍反省会で話を聞いていたら、軍令部が悪かったことがわかりました。

せっかく取ったガ島を放棄する理由が欲しくて、「戦略的にはラバウルまで戻りますが、ずっと航空制圧を続けますから、これでいいのです」と天皇に報告した。天皇は頭が良いから覚えています。しばらくしてから、「ガ島の航空制圧は、その後どうなっているのか」と聞かれます。軍令部は「これはイカン」と思い、持っているかけがえのない航空兵力をラバウルにつぎ込み、ガ島攻撃を行って、大失敗したわけです。

大木　空母に発着できるような腕の良いベテラン、いわゆる「艦隊のおニイさん」を、艦上機ごと陸に上げて投入してしまいました。

戸高　一切いらない作戦ですよ。見栄を張った報告をクリアするために、どう考えても不必要な消耗をした。「やはり戦略的に戦線を縮小し、防備を固めます」と正直に報告をすれば、「ああ、そうか。それもそうだね」と天皇も理解するのに、そうは言わない。「大和」の時も、「航空特攻ばかりやっているけれども、艦隊の方はどうなっているのか」と天皇が尋ねた。「艦隊はこういう風に考えています」と言えばいいのに、わざわざ複雑にし、「いや、艦隊も特攻に出します」となってしまう。それは天皇のせいではない。間に入っている人間が駄目なのです。

軍令部は制度上、連合艦隊を制御できなかった

戸高　作戦は難しくて、「大和」は第二艦隊旗艦です。つまり、上に伊藤整一艦隊長官がいます。すると、一方的に命令はできない。軍令部、連合艦隊、連合艦隊旗艦、第一艦隊、第二艦隊は、大枠の作戦を与えるけれど、具体的な実施方法は現場の艦隊が考えます。そのために、第二艦隊にも幕僚がいるのです。連合艦隊が、例えば「九州南方で陽動行動を取れ」といった命令を与えれば、「それをどういうプランでやろうか」は、第二艦隊が考える。そのときの実際の命令は、「沖縄で米軍を撃破せよ」といった、ふわっとした命令になるわけです。

大木　そうですね、「どのように撃破するか」は、現場の第二艦隊が考えます。

戸高　そのため、伊藤整一は「特攻作戦でなくても、目的を達すればいいだろう」と思っていて、特攻をやらなければいけない、という気持ちはありません。彼はもともと特攻に反対していましたから。ところが、伊藤の上の人たちは「特攻の形をとりたい」という思いが先にある。

大木　だから、連合艦隊参謀が説明に行く。草鹿龍之介と、三上作夫さんの二人が説明するため、「大和」まで赴く。

戸高　徳山《とくやま》沖に説明しに行きます。

大木　第二艦隊司令長官の伊藤整一のもとに、因果を含めに行った。

戸高　時々、「連合艦隊が命令すればいいのに。第二艦隊が逆らっているのはおかしくないか」という意見を聞きますが、それは違います。

大木　ソロモンで第八艦隊が夜襲したとき[*5]も、命令自体は漠然としたものでしたよね。

戸高　組織の上の方ほど、出す命令は大枠です。だから、天皇陛下の命令を取り次いで連合艦隊に出す大海令は、例えば「南方において米艦隊を排除せよ」という漠然とした命令です。それを具体的に実施する際、連合艦隊が作戦を練る。その時、他の艦隊が必要なら、そこにまた出す。末端の作戦は、直接、作戦を受け持った艦隊が行う。このような命令系統の流れを把握しないと、「大和」の特攻についてもよくわからなくなるでしょうね。

大木　太平洋《たいへいよう》戦争の頃には、連合艦隊という組織はもういらなかったのではないでしょうか。なぜ連合艦隊という組織ができたかといえば、日清日露《にっしんにちろ》戦争の時は、軍令部が大まかな予定（目標）を立てますが、当時は無線も充分発達していないため、東京から指示ができません。だから、現場の総指揮をとるためには連合艦隊司令長官が必要で、連合艦隊がありました。ところが、太平洋戦争の頃には二重組織のようになってしまっていた。ならば、東京に大きな鉄塔を立て、東京の軍令部からアジア太平洋全域に直接指令を下し、それぞれの艦隊の長官が現場を指揮すればいいという話ですが、やはり連合艦隊廃止というわけにはいきませんものね。

戸高　そうはいかなかったんですね。というのは、軍令部は組織として、天皇陛下の参謀です。参謀には指揮、命令権がありません。指揮、命令権は実施部隊の連合艦隊にある。だから海軍の組織図を見ても、連合艦隊と軍令部は同列で、天皇の下にあるわけです。

軍令部は、天皇に対するアドバイザーなのです。アドバイザーとして作戦命令を起案し、天皇の決裁をもらい、それを「天皇の命令はこうです」といって連合艦隊に取り次ぐ組織のため、軍令部自体には命令権が一つもありません。制度上そうなっているので、軍令部としては、最後まで連合艦隊がなければ、実際の戦闘行為ができなかったと思います。

大木　はい。また、真珠湾《しんじゅわん》攻撃成功後は山本五十六《やまもといそろく》長官がカリスマ的存在になってしまったので、軍令部が連合艦隊を制御できなかった、と。

戸高 そうです。常々、山本五十六は軍令部の言うことを聞きません。「真珠湾をやる」と山本が言うと、軍令部は「やめてくれ」と一生懸命お願いしていた。ところが、山本が強引に「やる」と言ったら、これを止める力はなかった。

大木 三代一就さんが泣いたという話も、三代さんは軍令部の参謀でしたから。

戸高 最後の権限がなかったことになります。

大木 連合艦隊が「ミッドウェイをやる」と言ったことに対し、「そんなの駄目だ」と返したけれども、「押し切られちゃって、悔しくて泣いた」と言っていました。

戸高 ミッドウェイの時も、軍令部は「もうやめてくれ」と言いましたが、連合艦隊が「やる」と言ったら、それは止められない。制度上、止められないのです。軍令部はアドバイザーにすぎず、命令権がないからです。非常に格の高いアドバイザーだったのです。

一つの作戦に目的を二つ付ける悪癖

戸高 元帥もそうです。元帥は天皇の顧問だから、元帥にも命令権はありません。

大木 そうですね。日本陸海軍で、元帥は階級ではありませんから、元帥「号」だから。

戸高 はい。元帥府が別にあり、元帥府条例もあります。元帥の立場は天皇陛下の最高顧問なので、実際の戦闘行為、いわゆる統帥権の流れは、天皇からいきなり連合艦隊司令長官に行ってしまう。

大木　他の国では、元帥は階級で、軍人の最高階級です。ところが日本では、実は階級としては大将までしかありません。

戸高　階級はそうですね。日本の軍事制度は、先ほど述べたように、頭が二つあるような不思議な制度や、命令権があるような、ないような軍令部のような組織があったりします。つまり、命令に明瞭《めいりょう》さが欠けているため、現場が非常に困る。

もう一つ、日本の海軍で良くないのは、一つの作戦に対して、目的を二つ付ける癖があることです。ミッドウェイの時なら、「米機動部隊を発見して撃破せよ」という目的と、「ミッドウェイ島を占領せよ」という目的がある。それから、第一ソロモンのサボ島沖海戦の時もそうです。

大木　「ガダルカナルに来た艦隊を撃破（排除）せよ」と「輸送船団を撃滅」とか。

戸高　その通りです。大抵、二つある。ミッドウェイの時にはもう一つ、ダッチハーバーもくっついていた。難しい本当の命令の他に、易しい命令がくっつく。それは、どれか一つがうまくいけば、全体がうまくいったことになるからです。目的が一個しかないと、イエス or ノーになって、白黒が決まってしまいます。

日本の場合、人間が優しいので、偉い人に失敗の経歴をつけたくない、と考える。例えば、ガダルカナルに行き、第一目標であるアメリカの輸送船団に手を触れなければ、本来は大失敗です。ところが、手前の軍艦を何隻か沈めたので「大成功」と書いてしまう。最後のレイテ沖海戦も、目的はマッカーサーの大輸送船団なのに、「敵の艦隊が出てきたらそれと戦ってもいい」としてしまう。すると、空母一隻ぐらいは沈めて帰るわけです。

命令は明快に一つにし、一生懸命やって失敗したら、「失敗しました」と言えばいいだけです。失敗は悪いわけではありません。結果は成功か失敗かにしないと、本当は駄目。失敗は悪いわけではありません。ところが、そのような思考が日本にはない。みんな、優しいのです。だから、成功か大成功かのどちらかを選べ、という形になる。これが海軍の命令スタイルなのです。

奉勅命令と大海令・大陸命の違い

戸高　奉勅《ほうちょく》命令というものがありますが、それは軍令部自身の権限では出せません。案を立てて天皇の決裁をもらい、あくまで天皇の名前で出します。

大木　大海令ですね。陸軍も同じですが、奉勅命令など、頻繁に天皇の命令で発令してしまいます。

戸高　奉勅命令と、陸軍の場合には「大陸命」があります。海軍も大海令と奉勅命令がある。

これらはどのように違うかと言うと、大陸命、大海令は、参謀総長（陸軍）、軍令部総長（海軍）が大元帥である天皇の命令を指揮官に奉勅（伝宣）するもので、軍事命令です。統帥権は、明治憲法では権限が天皇にしかありませんから。奉勅命令も、天皇の直接的意志を参謀総長（陸軍）、軍令部総長（海軍）が奉じてその直属指揮官に伝えるもので、天皇の統帥大権に基づいて発せられる勅裁の命令ですが、ニュアンスが異なります。もともと奉勅は、軍事命令以外のものも含みます。教育勅語といった、勅語や詔書も奉勅です。

二・二六事件の時、海軍は大海令を出して艦隊を集め、鎮圧準備をしました。陸軍が大陸命を出すと軍事命令になるから、決起部隊が全部討伐対象になります。だから、陸軍は最後までそれを出さずに、奉勅命令で「部隊に帰りなさい」という、腰のひけた命令を「天皇から出ました」と言って渡しました。海軍は、「事と次第によっては、大砲を撃ちます」という立場で、艦隊を東京湾に持って行きました。このように使い分けがあります。

これは明治憲法上の制度に関わるので、統帥権の問題については、最終決定権者は完全に天皇一人しかいません。従って大陸命は戦争ないし事変のような事態にしか出ないので、これが出されたら戦争をして、決起部隊を全員射殺しなければいけないぐらいの問題になります。使い分けについては悩むところです。

大木　日本軍独特の用語では、戦闘序列と軍隊区分を区別しています。どういうことか。戦闘序列は、例えば第一艦隊の下に第一戦隊、第二戦隊がいますが、それはもう決まった組織のあり方です。ところが戦争をする時、そのままではなく、よその艦隊から艦船を持ってきて、第一戦隊とくっつけて、臨時に別の艦隊や戦隊をつくるといったことをする。例えば、どこどこ方面艦隊というような具合です。これを軍隊区分と言います。

なぜこのようなことを言うかというと、戦闘序列は統帥権の範囲内であり、天皇陛下が決めていることだからです。勝手に部下が崩してはいけないものだ、ということです。

戸髙 編制はそうですね。編制権は天皇の大権ですから。

大木 ところが、そのまま戦争をすると不都合が生じるので、バラしたり、くっつけたりするのは、編制でも戦闘序列でもなく軍隊区分と言うんです。

戸髙 臨時の組み合わせですね。法令に縛られながら、戦争をしているということです。陸軍も海軍も役所ですから。

大木 史料を読んだり証言を聞いたりする時に、ついつい軍隊や戦う組織を「恰好《かっこう》いい」と思ってしまうことがあるかもしれませんが、そうではなく、役所だと思って読まないといけません。そう思って見ると、「これは要するにこういうことが言いたいけれど、そうは書けないからこう書いてあるんだな」と気づきます。

戸髙 兵隊はみな国家公務員ですから。大切な指摘ですね。

史上最大の夜戦の現場

大木　大物、千早正隆さんの話に進みましょう。

戸高　千早さんは戦後、ＧＨＱ戦史部の仕事をした人です。大井篤《おおいあつし》さんと同じです。これも大井さんと同様、海軍屈指の英語使いでもありました。アメリカ軍の戦史編纂《へんさん》のアシスタントをしたため、日米の戦史両方に、日本で一番早く目を通した人です。

大木　『トラ　トラ　トラ』を書いたことで有名なゴードン・プランゲ*6のアシスタントをしましたね。

戸高　その通りです。とても早い時期から戦史を客観的に見ることができた人です。日本や日本の海軍に対して、厳しい論評を常にしていました。

大木　著作や翻訳もたくさんあります。

戸高　この人も砲術畑です。第一一戦隊の砲術参謀として戦艦「比叡《ひえい》」に乗っていました。第三次ソロモン海戦では、ガダルカナル泊地に待ち伏せしていたアメリカ主力艦隊と、至近距離で「史上最大の夜戦」とも言える撃ち合いをしました。この時、「比叡」は探照灯を照射していたこともあり、百発近くの命中弾を受けました。

千早正隆さんは、艦橋の天辺《てっぺん》に出ていました。ところが、千早さんはその後の様子をあまり記憶していません。理由は後で話しますが、この時、史料調査会の会長だった関野英夫《せきのひでお》さんも「比叡」のトップ（最上部）にいました。関野さんと千早さんは海軍兵学校の五七期と五八期で、関野さんは通信参謀でした。

関野さんによれば、「比叡」の艦橋の一番上で向こうを見やっていると、水平線でパパパッと光が出て、「ああ、戦艦が大砲を撃ったな」とわかったと言います。「比叡」はサーチライトをつけていたため、狙い撃ちされたのです。一分ぐらい後にドーンと弾が飛んできて、水柱が立つのを見ていると、いきなり目の前にアメリカの駆逐艦が現れました。夜戦だから、水平線から上は薄く明るいものの、水平線から下は真っ暗です。その真っ暗な中に駆逐艦が突っ込んできて、「ああっ」と思っている間もなく、一気にすれ違う。近すぎたため、大砲も魚雷も撃てず、戦艦と駆逐艦が両方で機関銃を撃ち合いながらの大乱戦となった。艦橋の真ん中に砲弾が命中し、艦橋は燃え始める。火には追われるし、降りることもできない。後にも先にもないような戦いだったそうです……。関野さんは、日本の機銃の光は赤っぽく、アメリカの機銃の光は青っぽい、その光が飛ぶ様子は綺麗《きれい》だったと言っていました。

千早さんも関野さんもよく言っていたのが、「アメリカ海軍の突撃精神は凄《すさ》まじい」ということです。「日本の駆逐艦であんなに突っ込んだやつは、一隻もない」と。日本の駆逐艦は巨大で、持っている魚雷は四万メートルも走り、世界一の射程を誇っていました。アメリカの駆逐艦の魚雷は三〇ノットで一万メートルぐらいの射程です。四五ノットだと六〇〇〇メートルくらい。ところが、射程が短いから近づいて撃つ。「日本なんて射程が長いから、遠くで撃ってすべて外れる。だけど、アメリカのは射程が短くて傍へ来て撃つから、みんな当たるんだ。どっちがいいかね？」と言っていました（笑）。

どちらがいいかという問題ではありません。兵器を要求する時のコンセプトの違いです。

日本の魚雷は、艦隊決戦の時に、遠距離から数百本を同時に発射するための決戦兵器なのです。個々の船を雷撃するならば、射程が短くてもいいから、スピードを上げるように要求するのが正しい。「大和」の大砲も、四万メートル飛ぶことを要求したために、一発も当たりませんでした。小さく、射程が短くてもいいから、もっと当たるように研究しなければ駄目でした。千早さんは「日本の大砲は当たりません」と、黛治夫《まゆずみはるお》さんとは全然違うことを言っていました。

大木　野村實《のむらみのる》＊7さんも「四万メートルで撃つと、弾が落ちるまでの間に、相手が回避しちゃうんだ」と言っていました。

戸高　弾着まで一分くらいかかりますからね。

大木　「来るな、もう来る」ということがわかり、敵艦がよけてしまう。

戸高　船の行き先を予見するのは予言者でなければ無理です。目の前で撃ったらすぐ弾が届くような日本海海戦のような場合はどんどん当たるでしょうが。千早さんの本職は対空射撃ですが、大砲についてブツブツ言っていました。

燃え始めた艦橋から降りる

戸高　千早正隆さんの一番大きいトピックは、戦艦「長門《ながと》」の初代高射長、戦艦「武蔵《むさし》」の艤装員《ぎそう》だということです。当時、「長門」は連合艦隊の旗艦で、その高射長ですから、彼が艦隊全体の防空の責任を負うことになったのです。千早さんは、連合艦隊の防空は不十分だと感じていたと言っていました。

「長門」高射長になったのと同年、「武蔵」の艤装員として三菱造船所に行ったときには驚いたそうです。「当時、世界では飛行機が主力だった。ところが「武蔵」には高角砲がたったの六基一二門だよ。機銃も少ない。副砲なんかいらないのに四個も付いているんだ。副砲は最上型巡洋艦のお下がりで、いくら船体や主砲塔が万全の防御で、砲塔正面の甲鉄の厚みが六五センチあるといっても、副砲に小型爆弾か巡洋艦の砲弾が命中したら、そこから火が入って爆沈するよ」と言っていました。

「これは何事？」と、千早さんが副砲に対する懸念を表明して、大騒動になりました。もう建造も進んでいるので、抜本的な手直しは不可能で、防火壁と防御の強化でお茶を濁した形になります。「冷静に考えていればわかりそうなことが、わからないことがあるんだよ」とよく言っていたものです。

大木　船が沈み、舷側《げんそく》から降りようとしたけれど、そのとき手袋をしていなくて大変な目にあった、というのは先ほどの第三次ソロモンの時だったでしょうか。

戸高　その通りです、先ほどの話に戻ります。足元の艦橋に直撃弾が当たり、艦橋がどんどん燃え始める。下からどんどん火が上がってくるので、船の中を通って下に逃げることもできない。仕方がないと、関野英夫さんと二人で信号索をつたって、二〇メートルぐらいの高さを降りようとしました。親指ぐらいの太さのロープです。関野さんは手袋をしていたので無事に降りられましたが、千早さんは手袋をしていなかった。素手でロープをつかんだため、途中で摩擦のため掌《てのひら》の肉がえぐれてしまった。思わず手を離して相当高いところから落下して気絶してしまったのです。そのため、記憶が曖昧《あいまい》だったというわけです。

戦後もその部分の肉がえぐれていて、掌がうまく開きませんでした。

大木　初めて『歴史と人物』の編集者としてご挨拶《あいさつ》したときの颯爽《さっそう》とした姿が、私は忘れられません。原宿《はらじゅく》にあるご自宅に伺い、応接室で待っていると、千早正隆さんがテニスウェアでやってきた。御年七〇を過ぎていたはずですが、「今、ちょっとテニスをやってきた！」と。

戸高　現在七〇過ぎの私にはテニスはきつい（笑）。

大木　（笑）。千早正隆さんは私のことを気に入ってくださったようで、横山《よこやま》編集長はその後仕事がしやすくなったそうです（笑）。千早さんに聞いた話で強烈に印象に残っているのは、二・二六事件の時の話です。千早さんが駆逐艦「朝風《あさかぜ》」の砲術長だったころのようです。あの時は、横須賀《よこすか》鎮守府の長官が米内光政《よないみつまさ》で、参謀長が井上成美《いのうえしげよし》でした。陸軍が決起したのを聞いた井上成美が、パパッと海軍の対応をお膳立《ぜんだ》てでした。そこに、悠然と米内光政がやってきて、「ああ、そうか」と答えた、というエピソードが知られています。米内の恰好いい逸話ですが、千早さんによると真相はこうです。米内は夜遊び好きだから、二月二五日の晩も「ちょっと行ってくる」と言って夜遊びに出かけようとした。すると、非常線ではありませんが、すでに険悪な雰囲気があったので、米内は「まずいな」と感じ、鎮守府に戻ってきたというのです。

戸髙　実際は泊まっていたのではないでしょうか？

大木　泊まって朝帰り、ですか。翌朝出てこようとしたら、非常線か何かに引っかかりそうになって、「まずいな」と慌てて戻ってきたと。たしかに、「林」という柳橋《やなぎばし》の待合で夜っぴて遊んでいて、横須賀線の始発で帰ってきたという別の証言もあります。

戸髙　恐らく、朝帰ったんですよ。

大木　千早正隆さんは、「そんな日に昼頃ノコノコと戻ってきたら、あの井上成美がただで済ませるわけはないので、大変なことになっていただろう」と言っていました。

二・二六事件の過ち

戸高　少し前、二・二六の海軍側の軍令部史料が出たことについて、NHKの番組が放映されました。あの史料は間違いなく富岡定俊《とみおかさだとし》さんが持っていた史料です。私は一九八〇年から史料調査会の司書をしていますが、その時はすでに流出していて、調査会にはありませんでした。本来私が管理していたはずの史料が出てきたわけで、思わず「これは調査会の物だ」と言ったぐらいです。

番組はこのような流れで進みました。天皇の頭には五・一五事件があったため、「陸海軍が一緒になったら大変なことになる」と思っていた。海軍が決起を鎮圧するために「横須賀から陸戦隊を連れてきます」と言ったところ、天皇がいきなり伏見宮《ふしみのみや》に「海軍は大丈夫だろうね？」と言った。「大丈夫」というのは、「海軍は陸軍に合流しないだろうね」という意味です。「絶対にそんなことはございません」と答えたことで、天皇は安心して鎮圧行動に入った、という流れです。

二・二六は、昭和天皇にとって緊張の一瞬だったと思います。五・一五にトラウマがあるので。五・一五にトラウマがあるのは、海軍も一緒です。だから、意地でも「そんなことはございません」と強く言わないといけなかった。わざわざ大海令までもらい、「いざとなれば、決起部隊を戦艦の大砲で撃ちます」と言って、当時の第一艦隊長官の高橋三吉《たかはしさんきち》＊8は、国会議事堂に照準を合わせた、と戦後の回想で言っているほどです。それくらい本気でした。

大木　だからこそ、というか海軍の年配、中堅以降はともかく、若手には同情していた者もいた。五・一五の三上卓《みかみたく》＊9などは、実際に犬養毅《いぬかいつよし》襲撃に行っていますから。

戸高　五・一五の時、「とんでもない」と公には言ったものの、海軍内部でも、決起に関しては同情的な空気があった。事実、刑務所の中では看守が三上を「先生、先生」と呼んで、犯罪者扱いしていません。五・一五の人間はほぼ生き残り、戦後まで生きた人間もいたわけです。たいへん悪いことをしていながら国士みたいな扱いをしたのは、とんでもないことです。

大木　第一次上海《シャンハイ》事変＊10で戦死した海軍の飛行機乗り、藤井斉《ふじいひとし》＊11も国家革新運動の過激派でした。

戸高　藤井は良い時に死んだことになります。あれが生きていたら、決行グループになっていたでしょう。

連合艦隊のコアな場所を経て生き延びた人

大木　戸髙さんの上司である土肥一夫《どひかずお》さんは、どのような方でしたか？

戸髙　土肥一夫さんは実に面白い人でした。筋としては艦隊派です。海軍兵学校に入ったのが大正一二年で関東大震災の年です。「東京に家がある者は、帰って様子を見てこい」ということで、艦隊が東京湾に集まった時に、実家を見に行った。家の人も困っているだろうというので、一斗缶にたくさん米をもらい、天秤棒《てんびん》にぶら下げて担いで実家まで歩いたと言っていました。そのような世代の人ですね。

この後、艦隊派のシンパのような活動をしました。そのため、任官した後も海軍省に少し睨《にら》まれたりしています。ところが、太平洋戦争が始まった時には第四艦隊の参謀で、トラック島で井上成美の参謀をしているわけです。当時、海軍のコアなところでは、先に述べたように、やれと言われたらすぐやれるように戦争準備を始めていますが、表向きにはまだ気配は一切見えていませんでした。

彼はマーシャルなど、南洋方面が防備の責任分担でした。あちこちの島の安全のために必要な航路標識が足りないということで、海軍に予算をもらいに行きます。「航路標識が必要だから予算をこれだけ、船をこれだけくれ」と言うと、「戦争でもする気か？」と言われたといいます。そのぐらい、昭和一五（一九四〇）年頃の海軍は、表面上はまったく戦争の気配がなかった。

戦争が始まると、いきなり四艦隊にウェーク島の占領命令が来ます。「占領せよ」という命令に際し、具体的にどうするかは四艦隊で決めなければいけない。攻撃しますが、撃退されてしまう。二回目は、もう仕方なく、陸戦隊を乗せた船を擱座《かくざ》させて、のし上げて降りる。つまり、船を捨てる覚悟で行った。

なんとか占領できたものの、一度失敗しているので、井上長官は少し評判を落とします。その後にミッドウェイ海戦があり、連合艦隊に移ります。そこで土肥さんは山本五十六の参謀になるわけです。山本さんが亡くなる時はラバウルにいました。土肥さんは、一回りして帰ってきた連合艦隊幕僚の受け入れ準備をするため、先にトラック島の武蔵に戻っていてくれと言われ、自分だけトラック島に戻っていたのです。それで助かるわけです。

幕僚がほとんど戦死したため、土肥さんはその後に来た古賀《こが》峯一《みねいち》*12さんの参謀になります。古賀さんは、マリアナ沖海戦の前に飛行機事故で殉職しますが、その時も土肥さんは直前に軍令部参謀で転勤していて生き延びる。そのままいたら、飛行機で一緒に墜落したことでしょう。だから、連合艦隊のコアなところをずっと見ながら、唯一生き延びた人です。

最後は富岡定俊さんの部下として軍令部参謀となり、終戦まで過ごします。その縁からも史料調査会に来て、私の上司になりました。

大木　「大和」をつくっている時は、艤装員か何かでしたか？　長年、疑問に思っていることがありまして……。

戸高　「大和」は、連合艦隊参謀になった時からです。

大木　実は、土肥さんは「私が『大和』の艤装に夢中になっていたら、山本さんが来て、『大和』の図面を見て『これで日本も安心だ』と言ってくれた」と私に言ったのです。

戸高　それは「大和」建造中ではなく、もっと後の話です。

大木　なぜ私が疑問に思ったかと言うと、山本五十六は、『大和』をつくっている時に文句を言っていたからです。山本は、一方で気を遣う人でもあったから、リップサービスで言ったのではないかと思っていました。

戸高　そうではありません。山本五十六は、「大和」の建造計画で図面を描いている時に艦政本部に行き、計画主任の福田《ふくだ》啓二《けいじ》*13さんに言っています。「こんなことをしたって、君ら、もうじき失業するんだよ」と。そのような、ちょっと人をからかうようなことを言う人でした。

大木　その話は、有名です。

戸高　その後に連合艦隊長官になり、戦争が始まる頃は「長門」が旗艦ですが、昭和一七（一九四二）年に「大和」が来る。「大和」建造に大反対していた山本五十六が「すごい戦艦だね」と言ってにこにこしていた、という話を土肥一夫さんがしていました。だから、大木さんが聞いたのは、「大和」がもう出来ていた頃の話です。

大木　ちょっと気分もいいから、「これで日本も安心だね」といったことをぽろっと話した。

戸髙　そうです。「これほどの戦艦があれば、どこかで使い道があるかな」という含みで。だから、山本五十六も、最後は嬉《うれ》しそうに「大和」に乗っていた、という話はあります。

「ミズーリ」号終戦調印の裏側

戸髙　土肥一夫さんで一番面白いのは、編制班だった時の話です。編制班とは、艦隊編制をする班のことですが、土肥さんはその班をやり繰りしていた。

終戦前の八月一四日、ポツダム宣言受諾を決めた後に、富岡定俊さんに呼ばれてこのように言われたそうです。「とうとうポツダム宣言を受諾したが、文言が曖昧で、天皇や皇室がどうなるかはっきりしない。つまり、連合軍の管理下に置かれて命令を受けるのかどうかはっきりしない。ある語句の翻訳で揉《も》めたりしている時期なので、そのことが心配だ」と。海軍の最後の望みは、国体の護持です。さて、そもそも国体の護持とは何か？　ということで、富岡さんが土肥さんと宮崎勇《みやざきいさむ》さんに「平泉澄《ひらいずみきよし》*14の所に行き、何をもって国体が護持されたと言えるのか、聞いてきてほしい」と言った。そこで、一四日に本郷の平泉の自宅に行った。平泉の自伝『悲劇縦走』には、軍令部の参謀のDとMが来たと書いてあります。平泉は皇国史観歴史学者の重鎮です。

大木　それは面白い（笑）。

戸髙　これが土肥一夫さんと宮崎勇さんです。内容は書いていませんが、軍令部の考えを聞き、「海軍はそこまでお考えですか」と平泉は感動する。そして「すべてお手伝いします」と返事をした、と自伝に書いてあります。その時に平泉は「国体とは、三種の神器の継承行為そのものである」と伝えました。わかるようでわからないような言葉ですが、富岡定俊さんの所に帰り、土肥さんはその通りに報告した。すると「ああ、そうか」と言って、富岡さんは安堵《あんど》の表情を浮かべ、すぐ高松宮《たかまつのみや》の所に行って伝えます。「万々一陛下が処刑されても、然《しか》るべき皇族が三種の神器を継承すれば、国体は護持できる」と。そして高松宮のＯＫを取り、源田実《げんだみのる》を松山《まつやま》から呼んだ。

大木　高松宮は海軍ですからね。戦争中はおおむね軍令部参謀でしたか？

戸髙　そうです。高松宮はその時、富岡定俊の部下です、形の上では。さて、万一に備え、三種の神器を継承するに値する皇族を隠そうということになった。隠す場所は九州の山奥に設定し、「平家《へいけ》の落人《おちうど》集落」のような所を見つけて準備をし、源田さんを戦後になっても長く遣わしたわけです。これが、土肥一夫さんが終戦間際に行った一つの大きい仕事です。

富岡さんがそれを手配した。その後に何をしたかと言うと、九月の「ミズーリ」号での終戦調印です。あれは、大臣か軍令部総長が行くのが筋でした。

大木　陸軍は梅津《うめづ》美治郎《よしじろう》[*15]参謀総長でした。

戸高　ところが、米内光政はちょっとズルい。「俺、そんなの嫌だ」と言って断った。軍令部総長も「負けた署名をするためになんか行きたくない、嫌だ」と言い、富岡定俊さんを捕まえて、「作戦で負けたんだから、君が行け」となったそうです。それで作戦部長が行った。

富岡さんはダンディだから、「みっともない恰好では行きたくない」と言い、その日のために軍服を新調しました。戦前、ロンドンから輸入した服地のデッドストック物でピシッと誂《あつら》えて、皺《しわ》一つない新品です。二列目にいたため、あまりよく写った写真はありませんが、初めて袖《そで》を通したピカピカの軍服で行ったことがわかります。海軍士官らしいダンディズムの現れです。

台湾海軍設立秘話

戸高　平泉澄を訪ねた日も大変でしたが、土肥一夫さんにはその後、もう一つの仕事がありました。戦後、蔣介石《しょうかいせき》[*16]が毛沢東《もうたくとう》との国共内戦で敗れて台湾《たいわん》に逃げた後、軍備を整備するため、アメリカと互角に戦った日本海軍の方式を取り入れたい、と言いました。そこで日本陸海軍のOBに声をかけたわけです。その団体は白団《パイダン》と言って、日本陸海軍の佐官クラスを中心に二〇～三〇人から成る台湾軍設立のための顧問団でした。土肥さんは、海軍担当の一人として行ったわけです。

つまり、土肥さんは、戦後の台湾海軍をつくった当事者です。当時は国交がないため、バナナ船で密航して渡り、その後一〇年ほど台湾に滞在しました。

大木　一〇年もですか？

戸髙　はい。一〇年ほど滞在してから日本に帰りました。亜東関係協会という、台湾と日本の民間交流団体のような団体がありました。それは、実は政府同士の交流団体でしたが、その集まりに呼ばれて時々台湾に行くと、向こうでは国賓待遇だったと言います。飛行機から降りると入管などなく、飛行機の下にいきなり車が待っていて、パトカー付きでホテルに行ったそうです。

一度、「戸髙くん、お土産でこれをもらったけど、俺はもういらないから」と、台湾海軍のマーク入りのティーセットをもらったことがあります。私も使いませんでしたが。土肥さんが亡くなった時、荻窪《おぎくぼ》近くの住宅街にある普通の民家に、台湾からの弔問客もたくさん詰めかけました。近所の人が「えっ？　ここのおじさんは誰だったの？」と言ったほどです。

大木　それはさぞ近隣の人は驚かれたことでしょう。

戸髙　そのような人が、海軍反省会の幹事だったわけです。連合艦隊参謀や軍令部参謀だったため、ものすごく顔が広く、海軍関係の会を催す時も、土肥さんがだいたい幹事を務めていました。

なおかつ、戦前は右派で艦隊派でもあり、海軍省の人事局から睨まれて圧迫されたこともあった。だから土肥さんは、石川信吾《いしかわしんご》を擁護するところがありました。

石川信吾は、海軍の正式なルートを通さず、森恪《もりつとむ》に頼んで[*17]軍艦の砲弾など、不足分の砲弾を充足するようなことをしていました。海軍に筋を通して要求しても埒《らち》が明かないからです。森恪に直接「こんなことでは国防ができません」と言って無理やり通し、大蔵省に予算をつけてもらっていた。石川はそれを自伝で、「俺はこうやって頑張ったのだ」と威張って書いた。

大井篤さんはそれを見て激怒するわけです。「海軍の統制を乱すこと甚だしい」「こんな奴がいるから海軍は統制が乱れて崩れるんだ」と。ところが、土肥さんはすぐ横で石川を擁護する。「石川は自分に与えられた任務を全うするため、必死で頑張ってやったんだ」と。石川の考えに共感していたのです。

大木　石川信吾は戦争そのものに対しても、「この戦争を始めたのは俺だ」と公言していましたから。

戸高　威張っていました。陸海軍の若手の右派と、土肥一夫さんは付き合いがあったのです。そのような付き合いがあったこと、そのものが、戦闘正面の実施部隊で命をかけて戦っている人たちとは違うところです。実際の作戦面では、先ほど言ったように、作戦目的と離れた天皇の一言に対する忖度で大損害を出すような、愚かしいこともしています。

海軍は双頭の蛇

大木　第一、二章で述べた陸軍のヤマタノオロチほどではないにしろ、海軍の組織の特徴として、双頭の蛇のような派閥があったということでしょうか？

戸高　その通りです。海軍は双頭の蛇です。陸軍はヤマタノオロチですが。

大木　頭が二つぐらいで、陸軍ほど多くはない。

戸高　海軍は所帯が小さいので。負ける時も、綺麗さっぱり負けます。小園安名《こぞのやすな》さん[*18]の厚木《あつぎ》航空隊事件（日本の降伏を受け入れられないという理由で、厚木で起こした騒乱）はありましたが。

大木　八月一五日に、小園安名さんと同期だった大井篤さんが「お前、もう暴れるのはやめろ」と、横須賀へ説得に行かされたという話でした。

戸高　あの時も、「天皇陛下が戦争をやめたのだから静かにせよ」と抑えが入ると、「はい、わかりました」とみんな従った。その点は、軍隊としては素晴らしかったと思います。

大木　少し話はずれますが、秦郁彦《はたいくひこ》先生や半藤一利《はんどうかずとし》さんの世代では、例えば海軍の話を聞いて一冊の本を書き、その後に元陸軍の人に会うと、「お前、海軍派だろう」と言われたそうです。逆に陸軍について書き、その後元海軍の人に話を聞きに行くと、「お前は陸軍の味方だろう」と言われたと聞きました。私たちの頃には、そういうことはありませんでしたが。

戸高　戦後初期の頃は、社会的に「陸軍悪し」と言われていましたから。ストレスが溜《た》まり、イライラしていたのだと思います。

大木　昭和六〇年前後に話を聞いた私たちには、そのようなことはありませんでした。

戸高　元帝国軍人も中堅どころ、つまり七〇歳を超えれば、「おとなしいおじいさん」です。しかし五〇代、六〇代の頃にはまだ血の気がありますから。私も、少し違う意味ですが、澤《さわ》地久枝《ちひさえ》さんに一度「戸髙さんは海軍だからね」と言われたことがあります（笑）。

澤地久枝、吉村昭の執念はすごかった

大木　澤地久枝先生は二・二六事件の取材から始めた、いわば陸軍派ですから。

戸高　だから確信犯的に、海軍をしっかり叩《たた》くことができた。『滄海《うみ》よ眠れ』を読んだ時は、私自身、本当に勉強になった作家は、澤地さんと吉村昭《よしむらあきら》さん*19です。吉村さんの資料調べの真面目さも凄まじいものがありました。

彼女が執筆する時に手伝った私でも「ここまでやるかね」と思うほど、徹底的に書いた。私

吉村さんには、史料調査会にいた頃からよく調べものを頼まれました。「こんなものを探しているのだけど」と言われ、「ここにありますよ」と答え、「コピーして差し上げます」と言いますよね。すると、「いやいや、それには及びません」と言って、吉村さんが自分でやって来て、自分でコピーしていました。他の作家は、アシスタントが来て史資料のコピーを取るか、私がコピーして送るかでしたよ。「そういうことは自分でやらなきゃ」と言って当人がしていたのは、吉村昭さんだけです。

大木　吉村昭先生は、『深海の使者』や『海軍乙事件』など、とにかく当事者に話を聞き、しかも三人が同じことを言わなければ事実と認定しない、と決めていたそうです。

戸髙　吉村昭さんが書かれたのは小説ですが、歴史の本と言ってもいいほど、丁寧に書かれていると思います。私は『陸奥《むつ》爆沈』の取材ノートを見ましたが、大学ノートにびっしり文字と地図が書かれていました。呉《くれ》近辺を回って関係者に聞き取りをし、それから当人が話した場所の地図などをどんどん書き込んでいる。ここまでやるのかと、驚きました。そこまでして初めて作品がつくれる。学ばなければいけないでしょうね。調査会や、その後の勤め先である昭和館《しょうわかん》に吉村さんがやって来ると、一緒に蕎麦《そば》を食べたことを思い出します。

澤地久枝さんは、システマティックにたくさんスタッフを使って書きますが、彼女からもたいへん勉強させてもらいました。

大木　調べものは編集者にやらせる作家も多いですからね。澤地先生は違います。ただ、スタッフも上手に使われる。私の場合、横山恵一《けいいち》さんの編集部に使い出のある若者が来たという話が伝わっていたとか。水交会で澤地先生に会った時に、「ああ～、もうちょっと早ければあなたを使えたのに」と言われましたよ（笑）。

戸髙　『滄海よ眠れ』のときは私が使われました（笑）。彼女は、「こういうことが知りたい」、「あれはどうなっているの？」という突っ込みが実に鋭い。他の人とは突っ込みどころが違うと何度も思ったものです。要求そのものがひと味違っていました。

大木　五味川純平《ごみかわじゅんぺい》[*20]の『人間の條件』『戦争と人間』のリサーチをされていましたが、澤地先生の註《ちゅう》は素晴らしかった。その辺の学者をはるかにしのぐ綿密なものです。長く陸軍のことを書いてきて、『滄海よ眠れ』で初めて海軍について書いた。「私は軍艦がわからない」「空母ってよくわからない」と言って何をしたかというと、空母「赤城《あかぎ》」のプラモデルを買ってきて、まず組み立てるところから始めたと言います。偉いことです。

戸髙　そこから勉強するところがすごいですね。

大木　ええ、本当に。

戸髙　彼女も史資料マニアなところがありました。まだ恵比寿《えびす》にご自宅があった頃は時々、伺いましたが、昭和期は二、三紙、新聞の縮刷版をすべて揃えていました。昭和三〇年ぐらいままでの新聞をすべて集めようとすると、ものすごい量です。「お茶を淹《い》れてあげるわ」と言われ、彼女が部屋にいない時に、近くにあるアルバムを眺めたりしました。若いころの可愛らしい頃の写真が入っているんです。お茶を持って部屋に戻ってきた彼女に、「何見てるのよ！」と叱られましたが（笑）。

大木　『歴史と人物』に私が勤め出した頃、澤地先生が編集部に遊びに来ました。横山編集長がいないとき、こそっと「横山さんと麻雀《マージャン》やっちゃ駄目よ」と言われました。

戸高　私も言われました。「絶対駄目よ！」と（笑）。

大木　「稼いだお金を全部巻き上げられるわよ」と（笑）。横山恵一さんは、阿佐田哲也《あさだてつや》杯を二回獲《と》っていましたから。釘《くぎ》を刺してもらって助かりました。

戸高　彼はあらゆる博打《ばくち》に精通したおじいさまでしたね。

＊1　**末国正雄**　一九〇四〜一九九八年。海軍大佐。海兵五二期。第五戦隊参謀、第三艦隊参謀、海軍省人事局第一課勤務など。戦後第二復員省に勤務。戦史叢書『海軍軍戦備』（全二巻、朝雲新聞社、一九六九〜一九七五年）などを高野庄平《たかのしょうへい》と共同執筆。

＊2　**三上作夫**　一九〇七〜一九九六年。海軍中佐。海兵五六期。第一水雷戦隊参謀、軍令部第一課勤務、連合艦隊参謀など。戦後、海上自衛隊に入り、護衛艦隊司令官、佐世保地方総監、自衛艦隊司令官などを歴任。最終階級は海将。

＊3　**草鹿龍之介**　一八九二〜一九七一年。海軍中将。海兵四一期。第一航空艦隊参謀長、第三艦隊参謀長、横須賀航空隊司令、連合艦隊参謀長等を務める。自伝『一海軍士官の半世紀』（光和堂、一九七三年）などの著書がある。

＊4　**伊藤整一**　一八九〇〜一九四五年。海軍大将。海兵三九期。海軍軍令部次長、海軍大学校校長、第二艦隊司令長官など。戦艦「大和」の沖縄特攻作戦で戦死、死後進級。

＊5　**ソロモンで第八艦隊が夜襲……**　第一次ソロモン海戦（一九四二年八月八日〜九日）。重巡洋艦五隻、軽巡洋艦二隻、駆逐艦一隻より成る第八艦隊が、ガダルカナル島に来襲した連合軍艦隊に夜襲をしかけ、重巡洋艦四隻撃沈、同一隻大破等の戦果を挙げた。ただし、第八艦隊は、連合軍輸送船団を手つかずにしたままで引き上げてしまい、その適否は今なお議論されている。

＊6　**ゴードン・プランゲ**　一九一〇〜一九八〇年。一九三二年にアイオワ大学卒業、一九三七年に同大学で歴史学の博士号を得る。一九三七年よりメリーランド大学教授。一九四二年より一九四五年まで軍務に就き、日本占領にも参加。その際、史料収集や日本軍人へのインタビューの機会を得た。『真珠湾は眠っていたか』（土門周平・高橋久志訳、全三巻、講談社、一九八六〜八七年）をはじめ、その著書多数が邦訳出版されている。

＊7　**野村實**　一九二二〜二〇〇一年。海軍大尉。海兵七一期。戦艦「武蔵」・空母「瑞鶴《ずいかく》」乗組、軍令

部付、海軍兵学校教官など。戦後、復員庁第二復員局調査部勤務ののち、海上自衛隊に入り、防衛研修所戦史編纂官、防衛大学校教授等を務める。『太平洋戦争と日本軍部』（山川出版社、一九八三年）など、著書多数。

＊8　高橋三吉　一八八二〜一九六六年。海軍大将。海兵二九期。軍令部次長、第二艦隊司令長官、連合艦隊司令長官、軍事参議官などを務める。

＊9　三上卓　一九〇五〜一九七一年。海軍中尉。海兵五四期。戦艦「陸奥」乗組、佐世保鎮守府付など。一九三二年、五・一五事件に参加、逮捕収監される。翌年、反乱罪により禁錮一五年の判決を受け、収監。仮釈放後、国家主義運動に従事する。一九六一年、三無事件に連座、検挙されるも不起訴となる。

＊10　第一次上海事変　一九三二年一月に、日本人僧侶襲撃事件などをきっかけに、上海共同租界付近で勃発した日中両軍の武力衝突。三月に停戦。

＊11　藤井斉　一九〇四〜一九三二年。海軍少佐。海兵五三期。第二〇期飛行学生を経て、海軍大村航空隊付、空母「加賀《かが》」乗組など。一九三二年、偵察飛行中に戦死。死後進級。

＊12　古賀峯一　一八八五〜一九四四年。海軍大将・元帥。海兵三四期。支那方面艦隊司令長官、横須賀鎮守府司令長官、連合艦隊司令長官などを歴任。一九四四年三月、パラオからダバオに向かう途上、飛行機事故で殉職。

＊13　福田啓二　一八九〇〜一九六四年。海軍造船中将。一九一四年、東京帝国大学工科大学造船学科卒業。呉工廠造船部員、海軍艦政本部第四部長、東京帝国大学工学部教授（現役時より兼任）など。

＊14　平泉澄　一八九五〜一九八四年。歴史家。一九一八年、東京帝国大学文科大学国史学科を首席で卒

業。一九二三年に東京帝国大学講師、以後、助教授、教授（一九三五年）と進む。国粋主義的な歴史観、「皇国史観」で知られた。敗戦後、東京帝国大学を辞職。回想録『悲劇縦走』（皇学館大学出版部、一九八〇年）など著書多数。

＊15 梅津美治郎　一八八二〜一九四九年。陸軍大将。陸士一五期。陸軍次官、第一軍司令官、関東軍司令官、陸軍参謀総長等を歴任。戦後、東京裁判でA級戦犯として終身禁錮《きんこ》刑の判決を受けるが、服役中に病死した。

＊16 蔣介石　一八八七〜一九七五年。中国の軍人・政治家。保定陸軍軍官学校で軍事教育を受けたあと、日本に留学、日本陸軍の軍務を経験する。その後、孫文《そんぶん》の革命運動に加わり、政治家として頭角を現し、国民政府主席となる。抗日闘争中、国共合作を行い、共産党と協力した。第二次世界大戦に勝利したのち、一九四八年に中華民国総統に就任したが、翌年の国共内戦に敗れ、台湾に逃れた。

＊17 森恪　一八八三〜一九三二年。政治家。一九一八年に政友会に入党し、政界に進む。一九二〇年に初当選、衆議院議員となる。軍部と提携し、帝国主義的政策を推進した。

＊18 小園安名　一九〇二〜一九六〇年。海軍大佐。海兵五一期。台南航空隊副長兼飛行長、第二五一航空隊司令、第三〇二航空隊司令など。終戦直前に厚木航空隊の反乱を引き起こし、戦後、一九四五年一〇月に抗命罪で無期禁錮刑を宣告され、失官。

＊19 吉村昭　一九二七〜二〇〇六年。一九五三年、学習院大学を中退。紡績会社に勤務しながら、創作を続ける。一九六六年、『星への旅』（筑摩書房）で太宰治賞を受ける。同年に発表した『戦艦武蔵』（新潮社）がベストセラーになり、小説家として地歩を固めた。厳密な実証に基づく作風で知られる。

『零式戦闘機』（新潮社、一九六八年）、『ふぉん・しいほるとの娘』（毎日新聞社、一九七八年）など、多数の作品がある。

＊20　五味川純平　一九一六〜一九九五年。小説家。一九三六年、東京外国語学校（現東京外国語大学）に入学。在学中に治安維持法違反の容疑で検挙されるが、一九四〇年に卒業、満洲の昭和製鋼所に入社する。一九四三年に召集され、一九四五年にはソ連軍の捕虜となり、シベリアに抑留された。帰国後に刊行した『人間の條件』（全六巻、三一書房、一九五六〜一九五八年）がベストセラーとなり、以後、小説家に。『戦争と人間』（全一八巻、三一書房、一九六五〜一九八二年）など、作品多数。

第五章　日本軍の文書改竄

――史料篇1

尾を引いた「甲種」「乙種」「丙種」のネーミング

戸高　前章までは将校の話を多くしましたが、第一線で戦った者の大多数は下士官兵です。特にもっとも危ないと思われたのが、飛行機乗りです。

昭和初期、飛行機がだんだん重要性を増すと、問題が起きました。パイロットの絶対数が足りなくなったのです。ヨーロッパでは習慣的にパイロットは士官です。なぜかというと、飛行機は一度空に上がると、パイロットが一国一城の主《あるじ》で、一人ひとりが戦闘の判断をしなければいけません。原則的に士官でないと、戦闘判断は行わないからです。

大木　しかも、貴族出身者が多いですね。

戸高　そうです。日本では階級による制限はありませんでした。日本の場合は、適性のある若者を鍛えたらよかろう、将来は士官的な扱いをしようと、昭和四（一九二九）年から予科《よか》練《れん》という制度を始めます。

最初は高等小学校卒程度、現代の中学生ぐらいの練習生を募ります。ところが、まだ足りない。そこで「マル3計画」（正式名称は第三次海軍軍備補充計画。大日本帝国海軍の海軍軍備計画のこと）によって増員をします。それでも、まだ足りない。今度は、一般教養を教える時間を省いて、すぐにパイロット教育をしたいという理由から、昭和一二（一九三七）年に募る練習生の年齢を引き上げます。現代でいうと高卒ぐらい、少し年上の練習生です。

その練習生に付けられた名前が、後々まで問題を引きずります。海軍は本当にネーミングのセンスがありません。中学校卒の練習生には「甲」、高等小学校卒には「乙」、水兵出身者には「丙」、つまり甲乙丙という、まるで成績順のような名前を付けたのです。例えば、乙飛（乙種飛行予科練習生）は、自分たちのほうが兵士としてははるかに先輩なのに、甲飛（甲種飛行予科練習生）の名が上に書かれます。それが不愉快で、年中摩擦が起きました。

大木　それは大きな問題でした。われわれ戦後生まれの者まで、甲乙丙のことで悩まされました。『歴史と人物』で予科練特集をしたときに、昭和末ぐらいでもなお、予科練出身者の甲乙丙に対するわだかまりに注意しないといけなかったのです。横山《よこやま》編集長もずいぶんと気を遣い、予科練出身者の座談会をしたときには、人数的に甲乙丙がぴったり一緒になるようにしたものです。特乙、一名。乙、一名、丙飛、一名……などと数を揃え、学校での期もばらけるようにしました。

海軍ダマシとドカレン

戸高　そんなところで気を遣わなければいけないのも、おかしな話です。海軍がもっときれいに一本化した制度をつくっていたら、全員がもっと力を発揮できたことでしょう。軍というものは、戦闘能力や人数だけで力を発揮するのではないということを、海軍は特に見落としていたと思います。もっと気持ち良く教育を受けられる環境を与えなければいけませんでした。

大木　甲飛は海軍兵学校に相当する、と思われていましたね。

戸高　甲飛の生徒は、自分は将校生徒だと思っていました。

大木　ところが、いざ学校に行ってみると、士官になれるわけではないため、「騙《だま》された」と感じた、という話をよく聞きました。原稿をもらった方や話を聞いた方から、「これが本当の海軍ダマシ（「海軍魂」と掛けた言葉）だ」と言われたものです。

戸高　戦争末期になると、飛行機にも乗れず、防空壕《ごう》ばかり掘っていたので「ドカレン（「土方」と掛けた言葉）」とも言われました。制度の中に、日本が崩壊していく様子が現れていた。

大木　余談になりますが、私の大学に「ドカレン」出身の先生がおられて、必ず一五分講義に遅れてくる人でした。ところが何となく、他の先生も事務の人も彼を許しているところがありました。それは「あの人は予科練で分刻み、秒刻みの生活をしていたことへの反発でこうなったのだ」と言われていたからです。

戸高　それはどうでしょうか（笑）。確かに厳しい管理はされていたでしょうが。私など、周りがみな元海軍の人だったので、時間にはうるさく躾《しつ》けられました。

大木　このような話もよく聞きました。予科練も最初のころ、空への憧《あこが》れがみなさん大きかったようです。昭和四（一九二九）年に土浦《つちうら》へ来たドイツの飛行船「ツェッペリン」を見て、空に憧れたということを、多くの方がいいます。

戸髙　そのころに中島《なかじま》飛行機が仕事を始め、航空が全国的に注目を集めたのです。本題から少し外れますが、中島知久平《ちくへい》*1が戦艦一隻で、飛行機が三〇〇〇機つくれる、というアピールをしました。盛んに飛行機のほうが安いと営業しましたが、あれは大変な間違いです。飛行機自体は安いけれども、飛行機を飛ばすには飛行場をつくらなければいけません。パイロットの養成に莫大《ばくだい》なお金がかかります。戦艦どころではありません。その意味では、よりお金のかかるほうにだんだんシフトしていった。これが日本の財政、国防を危うくした面が無きにしもあらず、です。世界の流れがあるから仕方がありませんが。

「大和」と「武蔵」を「使いこなせなかった」ことに問題があった

大木　これも余談になりますが、戦艦「大和《やまと》」「武蔵《むさし》」をつくったのは間違いだったとよく言われます。しかし、どうでしょうか。「大和」の起工が昭和一二（一九三七）年です。あのころはまだ、飛行機と戦艦のいずれが主兵であるかはっきりしていません。「他国もつくっている」ことも建造理由になりました。

つくることは問題なかったものの、スペイン内戦や日中戦争を経て、やがて飛行機のほうが重要であることがあきらかになってきました。そうしてみると、つくったこと自体はあながち間違いではないにしても、航空機の時代に適応させて使いこなせなかったことに間違いがあったと思うのです。

戸髙　まことにその通りです。日本は「武蔵」でやめましたが、アメリカは戦争中に八隻も戦艦をつくっています。イギリスに至っては、第二次大戦終結後にも戦艦をつくっています。戦艦が時代遅れだったということではない。その点、日本は真っ先に航空のほうにシフトした国です。

ただ、大木さんが言ったように、世界有数の能力を持った船を使いこなす能力が日本にはなかった。物には、物そのものの能力と、それを使う能力の両方が必要です。私はよく、最高性能の自動車をペーパードライバーが運転しても、その車の能力は発揮できない、と言っています。高度な機械ほど、高度なオペレーション能力が必要です。その点で、日本の海軍と陸軍は、ハードウェア志向に過ぎたところがあります。

海軍は戦争開始時の兵力で終戦までがんばる計画だった

大木　パイロットも、予科練的な養成法では不十分なところがありましたね。

戸高　予科練教育がなぜ後手に回ったかといえば、日本の海軍は、基本的に戦争開始時の兵力のまま終戦までがんばる、という短期決戦計画だったからです。だから戦争が始まると、教育はしない。日露《にちろ》戦争のときも、戦争が始まった途端に海軍大学校を閉め、秋山真之《あきやまさねゆき》＊2さんなどの教官連中を全員艦隊に突っ込み、終戦まで最初の兵力で戦いました。

　当時はそれで良かったわけですが、第一次大戦後は、まさに国家総力戦となりました。ところが生産しつつ戦う、教育しつつ戦うスタイルが、日本ではなかなか馴染《なじ》まなかった。大井篤《おおいあつし》さんが人事で文句を言っていたのは、「真珠湾《しんじゅわん》攻撃から帰ったパイロットのベテランは、教官・教員に回してくれないと、次の生徒を教育できない」ということでした。ところが、機動部隊は教育どころではないと言い、どんどんベテランは消耗し、教育する人間を残しませんでした。

大木　ミッドウェイ海戦への批判としてよく言われるのは、ＭＩ作戦（ミッドウェイ島の攻略、アメリカ空母部隊撃滅を目的とした作戦）の前に人事異動を行い、かなりのベテランパイロットを教官に回したことです。「前線航空隊の術力を低下させるとはなんたることか」と。しかし、あれをしないと後続のパイロットが教育できませんでした。

戸高　そうなんです。教官・教員にするベテランパイロットの絶対数を必ず差し引かないといけなかったのに、もう万事やむを得ないと使いきってしまった。そして教育が疎《おろそ》かになった。予科練で人は取るけれど教育ができない、という悪循環に陥っていたのです。

大木　私が直接あった予科練出身者で印象が強い人に、大多《おおた》和《わ》達也《たつや》さん*3がいます。戦後は航空会社に勤務していました。覚えているのは、「羽田《はねだ》に来てくれ」というので伺うと、ちょうどフライトシミュレーターで教官をしていたことです。「今、学生さんをフライトシミュレーターに乗せて千歳《ちとせ》に降ろすところだ」と言っていたのが印象的でした。

戸高　教育では、日航にいた藤田《ふじた》怡与《いよ》蔵《ぞう》さん*4を思い出します。藤田さんは士官搭乗員で、彼のように最後まで現場で飛ばされた人は珍しい。真珠湾にも行き、戦争が終わる頃も第一線で使われていました。もしかすると上官受けが悪かったのかもしれません。

飛行機乗りが語った特攻

大木　海軍の戦闘機乗り出身で、元海軍少佐、御《お》巣《す》鷹《たか》尾根の日航機事故のときは上野《うえの》村の村長をしていた黒澤《くろさわ》丈夫《たけお》さん*5という方がいます。彼と、お名前の出た藤田怡与蔵さんに対談をお願いしたことがあります。二人とも海軍という共通の境遇を持っていた。

　貴重なのは、海軍の戦闘機乗りとジャンボのパイロットをした経験から、対談冒頭で御巣鷹尾根の事故について二人が語ったことです。対談の主題そのものは「元零戦隊長大いに語る」でした。

戸髙　その対談は私もよく覚えています。お二人の横にいて話を聞いていましたから。山に落ちたのは判断が悪かったと藤田さんは語っていました。自分なら静岡辺りの海岸に躊躇《ちゅうちょ》なく不時着する、と。仮に少々犠牲者が出ても、全体を考えたらそうするしかないだろう、と言っていました。

黒澤さんは黒澤さんで、彼も開戦以降ずっと第一線で飛んだ人でした。黒澤さんで印象深いのは、特攻隊である敷島《しきしま》隊の指揮官、関行男《せきゆきお》さん＊6についての話です。黒澤さんは、南方の油田地帯バリクパパンで防空と訓練任務に当たっていたのですね。ところがフィリピンでの戦いが激化したことで、彼の部隊の飛行機を全部フィリピンに持って来いと言われた。持って行って渡した飛行機に関行男さんが乗り、特攻第一号として飛んだ。「あれは俺の零戦だよ」と言っていたのが、非常に印象に残っています。

大木　私が印象深かったのは、藤田さんの部隊から特攻を出すことになった時の話です。最初の特攻を志願させた後も、二波、三波と用意しなければいけません。ところが、いつ出撃するかわからない状態が長く続くと、みんな参ってしまうんだ、と話していました。

戸髙　体を壊す、と言っていましたね。

大木　それで、もともと特攻の配置になっていない藤田さんの部隊から「特攻機を出せ」と言われて怒ったというのです。

戸髙　藤田さんも、特攻に行けと言われたら、「はい」と答え、出て行く覚悟はあったと言っていました。しかし、待たされるのは嫌だから、行くなら「すぐ行け」と言ってほしかったと言っていました。これは現場の人間でないとわからない気持ちだと思います。

大木　同感です。

戸髙　飛行機乗りは零戦ばかりではありません。いわゆる中攻（陸上攻撃機）乗りも艦攻（艦上攻撃機）乗りも大変です。所帯が大きいので、一回の攻撃で数十人から一〇〇人を超える戦死者が出る。一式陸上攻撃機も被害は大きくなります。

全パイロット名簿をつくる

大木　真珠湾攻撃に参加した全パイロット、次いでマレー沖海戦に参加した全パイロットの氏名の名簿が『歴史と人物』に載っています。私がこの雑誌に関わる前の仕事ですが、大変な事業だと思います。あれは誰が言い出したのですか？

戸髙　秦郁彦《はたいくひこ》さんです。秦さんはまめな調査が大好きです。このような基礎調査をする人がいないと、後で話がうやむやになってしまいます。何となく「こんな感じだった」「あんな感じだった」で済ませてしまう。秦さんのように徹底的に実証主義で、端からデータを固めていくタイプだと、「あの話はこうだ」と断言できる情報、話ができます。この点については別格に「偉いな」と思っています。

大木　元陸攻隊のメンバーで大座談会をやりましたね。何人いたでしょうか。

戸高　二〇人はいたのではないでしょうか。そして、二〇人では座談会ができない、ということがわかりました（笑）。みんな言いたいことが山ほどありますから。

大木　あの名簿のおかげで、騙されるのを免れた事件が、その後にありました。当時、『歴史と人物』では、読者の戦記を募集していました。そこに、「我、真珠湾上空にあり」という、実によくできた戦記が寄せられました。「おお、これはいい。ぜひ載せよう」という話になりました。それに対して横山さんが「いや、ちょっと待て。名簿と照らし合わせてみよう」と言ったのです。照合したら、いない。いろいろな戦記の内容を継ぎ合せて書いていたようでした。よほど筆の立つ人だったのでしょう。自分は真珠湾上空にいたという、それこそ仮想戦記だったのです。

戸高　戦後の昭和三〇年代末から四〇年代ごろの時期に書かれた戦記は、いんちきなものが多い。いわゆるノンフィクションというジャンルがまだ明確でなかったため、自分の体験、つくった話、聞いた話をチャンポンにして書いたものを、実際の体験記のように出した本がいくつもあります。よく読むとわかりますが、いまだに古本として出回り、信用されているものも少しあるようです。

大木　それは終章の話題にも関わると思います。

軍楽兵が語った山本五十六伝説の嘘

大木　証言という点でもう一つ重要だったのは、「軍楽兵の見た連合艦隊作戦室」です。連合艦隊の軍楽隊の生き残り、林進《はやしすすむ》元海軍上等軍楽兵曹という人を見つけ出し、書いてもらったのです。日露戦争のころには、軍楽兵は戦闘時の伝令を担当し、旗艦「三笠《みかさ》」の中を走り回ったという話がありますが、山本五十六《やまもといそろく》の時代は少し進歩して、電話取次兵の仕事になっていたそうです。林さんは、真珠湾攻撃から五十六が戦死するまで、連合艦隊の作戦室にいた人です。だから、歴代の旗艦、「長門《ながと》」、「大和」、「武蔵」に乗り組んでいたのですね。

戸髙　それは貴重な体験ですよね。一度、連合艦隊の参謀ばかりを集めて話をしたことがありますが、責任者は長官ですから、参謀はわりと物事を第三者的に眺めている。その意味で話が面白いのです。

繰り返しになりますが、参謀はしたことに対してまったく責任がありません。制度上はどういうことかと思いますが、参謀は単なるアドバイザーで、極端に言うと、山本長官の参謀は参謀長の宇垣纏《うがきまとめ》だけです。他の参謀は、宇垣のスタッフという扱いになる。なおかつ単なるアドバイザーのため、作戦がうまくいくと威張る人はいますが、失敗しても「俺のせいじゃない」と言えてしまう。その辺りが、作戦の立案や実行の際に他人事のような作戦を立て、結果に対しても責任を取らないことにつながります。

大木　その点にも関わりますが、林進さんの証言で面白かったことがあります。ミッドウェイで、まず「赤城《あかぎ》」「加賀《かが》」「蒼龍《そうりゅう》」と、三隻の空母がつぎつぎとやられ、「飛龍《ひりゅう》」もやられる。そのときに山本五十六が将棋を指しながら、「ほう、また一隻やられたか」と言ったというエピソードがあり、人口に膾炙《かいしゃ》しています。この逸話の出所を調べていくと、山本の従兵長だった近江兵治郎《おうみへいじろう》[*7]に突き当たる。それに対して、当時連合艦隊の参謀だった渡辺安次《わたなべやすじ》[*8]が、「そんなことはなかった。そもそもそんな環境ではなかった」と、戦後に語り残しています。

ただ、渡辺は山本五十六に私淑していた人ですから、本当はそう言ったのにかばっているのかもしれないとの疑いは残りました。決着がついていませんでした。ところが、この軍楽兵の証言によると、どうも「また一隻やられたか」という発言はなかったようです。

戸高　常識的にも、司令部の中でその発言をすることはないでしょうね。あれは昼間のことですが、普通、昼間にそのような話はしません。するとしても、夕食後です。

大木　確認が取れず、あくまで回想記にもとづく推測に過ぎませんが、ガ島、ガダルカナル戦のときに、第八艦隊参謀だった神重徳《かみしげのり》[*9]が「また一隻、やられたか」と言ったようです。近江さん自身、ずっと従兵を務めていて、山本五十六嫌いというわけではないので、おそらくそういった別の話とミッドウェイの時との記憶が混ざったのではないでしょうか。

戸髙　それはあり得ると思います。二〇年、三〇年、どうかすると四〇年ぐらい経ってから書いているため、記憶と戦後の情報が一緒に頭に入ってしまう。すると、自分の本当の記憶と後で見聞した記憶が入り混じり、実体験のように自分で思い込むこともある。嘘をつく気がなくても、間違いを話してしまうケースはあります。

大木　我々も、後で知った三〇年前の出来事を、三〇年前にも知っていたような気持ちになることはありますから。

戸髙　そういうところが、歴史史料が伝わるときの危ういところです。

知られたくない、残したくない事実も残す

戸髙　海軍も陸軍もそうですが、自分のいた組織を守ろうとします。ミッドウェイについても、オリジナルの戦闘詳報は長い間出ませんでした。それを澤地《さわち》久枝《ひさえ》さんが頑張って発見しますが、こればかりは、人に知られたくないところが多々あったと思います。

第三章でも述べたように、ミッドウェイ海戦はまさにそうです。旗艦「赤城」の機関が、戦闘の真っ最中に止まります。逃げ回らなければいけないときに何をしているんだ、と戦闘詳報を読んでいて思います。やって来た飛行機を撃墜しているので、アメリカのパイロット

がたくさん周りにポチャポチャ泳いで、浮いている。彼らを拾い、情報を取るために船に上げているのです。少なくとも五、六人は拾って情報を取っている。

ところがその情報が、戦後には一切残らない。それは、その場で拾った人たちを「処分」して帰ってきているからです。こういうこともたくさんあるのでしょう。

大木　駆逐艦でも「処分」したという、下士官の証言がありますね。拾った捕虜をボイラーに突っ込んだと。

戸高　それから重りを付けて海に放り込んだりした。本当に戦争の中の狂気というべき部分です。しかし、そういうことも、きちんと史料に残さないといけません。当然、部分的な勇ましい話ばかりにするわけにはいきませんから。

大木　陸軍ですが、これも今となればよくできた、当時だからできたのだろうと思う企画があります。「郷土師団特集」です。森松俊夫《もりまつとしお》さんら専門家に、師団史を執筆してもらったのです。具体的には金沢《かなざわ》第九師団（森松俊夫）、宇都宮《うつのみや》第一四師団（高橋文雄《たかはしふみお》元二等陸佐）、久留《くる》米《め》第一八師団・菊兵団（牛山才太郎《うしやまさいたろう》元少佐・当時第一八師団参謀）です。さらに、その師団に所属していた兵隊さん、下士官を集めて実戦談をしてもらいました。『歴史と人物』がもう少し続いていれば、少なくとも常設師団については一通りできたのではないかと思います。

戸高　貴重なシリーズであり、調査記録です。生きている人間との兼ね合いで、そういうことができる時代とできない時代がある。

大木　果たして今、陸上自衛隊にそういう人がいるかどうか。つまり、戦後生まれ、あるいは戦中に子どもで、その後に陸上自衛隊に入った人でフィールドワークをして書く人がいるかどうか。右に挙げた第一四師団史の執筆者も自衛隊の方でしたが、生き残りの人や地元の人の話を聞いて書かれたものです。このような伝統が陸・海・空で、果たして維持されているのかどうか。

戸髙　昭和三〇年代は、海上自衛隊でも、地方総監部のような場所に戦歴のある隊員がまだいる時代でした。戦訓のため、彼らが後輩に体験記を書かせる例がありました。それがきちんと残されているかどうかが、よくわかりません。例えば、舞鶴《まいづる》なら舞鶴でつくり、参考資料にしたとしても、そのまま埋没していたらもったいないことです。

大木　そうですね。かつての戦史室、戦史部だけでなく、現場の部隊でも、戦史教育のために、体験記を書かせたり、史料を集めたりしていました。

戸髙　戦後の第一復員省、第二復員省が、戦時中の重要な問題に関して、直接担当者にレポートを書かせたりした例があります。そういうものの一部が、例えば今村均《いまむらひとし》さんの回想録です。それが、彼の著書のベースになっています。何らかの形で全体像がわかってくると、現在わかっている以上のものが調査の対象として出てくる可能性はあります。

松井石根の「陣中日記」改竄をつきとめる

大木　松井石根《まついいわね》大将[*10]の「陣中日記」改竄《かいざん》は、戸髙さんもよくご記憶だと思います。

戸髙　はい。『歴史と人物』で、この企画をするので手伝ってくれと横山さんに言われ、私は現場――陸上自衛隊板妻《いたづま》駐屯地――に行き、松井さんの日記を借り出しました。

大木　よく覚えています。三人で行きましたね。

戸髙　持っていった自分のカメラで、一ページずつすべてを撮影した記憶が鮮明です。それをプリントして読むと、なかなか面白かった。

大木　順番で言うと、「松井石根の日記が翻刻され本になったが、これは貴重な史料だが……」と秦郁彦先生が疑いをもたれたのが最初です。これを出した田中正明《たなかまさあき》さん[*11]は松井の秘書をしていた人間で、「南京《なんきん》大虐殺まぼろし」論を唱えている、果たして書かれていることが確かかどうか検証してみよう、と秦先生が言い出しました。それに横山編集長が乗り、戸髙さんに車を出してもらい、板妻駐屯地に行った。自衛隊駐屯地のガラスケースの中に陳列してある日記を出してもらい、一枚、一枚、戸髙さんが撮影したのですね。

横山さんは半信半疑で、改竄までは予想していないようでした。撮影して焼いたものを「まず、君がチェックしろ」と言われましたが、私も原文をいじるなどということはないだろう、と思っていました。いまだに覚えていますが、昔の人らしい崩しの読みにくい字をたどって読んでいくと、「あれ？」と。文字が抜け落ちているのではない。原文にある内容が落ちているのではなく、原文に書いてないことが、書いてあるんです。

戸高　完全に創作ですよね。

大木　ええ。しかも確認していくと、一つ、二つなどではなく、多々ある。中には二、三行書き加えている。私は横山さんに報告し、その後、作戦会議の場としてよく使っていた銀座《ぎんざ》のバーに行きました。

戸高　私もよく連れて行かれました。

大木　秦先生と横山さんと私がそこに集まり、「これをどう考えるか」議論しました。一連の史料の翻刻をしてくれた、史料が読める人にも文字起こしをしてもらうことにしました。するともう、大変なことになったわけです。

戸高　改竄箇所は、千何百か所でしたっけ？

大木　ええ。これは『歴史と人物』にとどまる話ではないと、横山編集長が朝日新聞記者で軍事ジャーナリストでもあった田岡俊次《たおかしゅんじ》*12さんに話を持っていきました。そして朝日でも取り上げられることになり、センセーショナルな出来事となりました。

陣中日記の翻刻をした田中正明さんは、朝日に叩《たた》かれたものだから、「これは朝日の陰謀だ」と言っていましたが、『歴史と人物』には一言もありませんでした。当然です。

戸高　原文、原物と突き合わせているのだから。

大木　もうびっしり、ここここを書き加えているという証拠がありましたから。「こういうことがあるんだな」と、大変勉強になった事件と言えるでしょうか。

戸高　史料を見るときの難しさの一つですよね。

いったん活字になると、原本まで読む人はなかなかいません。当時者あるいは原本まで辿《たど》り着くには、面倒なこともいろいろあります。だから、活字になったものを見て済ますことが多い。世の中に出回っているものは「正しいのか？」「これは本当だろうか？」という意識で見ないといけないところがあります。

大木　我々は、つい信じてしまう。研究者が翻刻して本にしたものなら、まさかいじってはいないだろう、と思ってしまう。

戸高　しかし、この「陣中日記」は例外的です。例えば、原文で少し読みにくい箇所を、内容のイエス・ノーが引っくり返らない程度に、文章的に整理することくらいは許される範囲でしょう。

大木　宇垣纏の陣中日誌である『戦藻録《せんそうろく》』についても、この文字起こしで本当にいいのか、と考えてしまいました。さすがに検証はしませんでしたが。

戸高　『戦藻録』の原本は、海上自衛隊の第一術科学校にあるんです。私は原本を少し見せてもらいました。

大木　突き合わせてみましたか？

戸高　一部ですが突き合わせました。きちんと文字起こしされています。だいたい、あの翻刻をしたのは、宇垣纏さんの部下だった人で、宇垣さんとほぼ同世代です。それから、宇垣さんの字はそれほど読みにくいわけではない。読みやすいとは言いませんが、達筆です。

確信犯的に史料を「紛失」した黒島亀人

戸高　ただ『戦藻録』は、昭和一八（一九四三）年四月ごろという、一番大事な部分が一冊欠けています。

大木　黒島亀人《くろしまかめと》が*13「借りた」ところですか。

戸高　黒島亀人が、自分に都合の悪いことが書いてあるからという理由で、借り出したものを「紛失」した。電車の中で網棚の上に置いてなくした、と本人は言いましたが、実際は焼き捨てたのだろうと言われています。千早正隆《ちはやまさたか》さんは、最初から一通り目を通し、全文を英訳しています。歴史史料を「借りました」そして失くしました」で押し通した黒島に対しては、最後まで怒り心頭でした。

大木　保阪正康《ほさかまさやす》さんに伺ったのですが、黒島が何と言って借りたかというと、「東京裁判に証人として出るのに必要だから」と言ったそうです。ところが保阪さんが調べたところ、その時期に黒島は証人に出ていません。

戸高　出ていないし、黒島の家から東京裁判の裁判をしていた市谷《いちがや》までは、電車に乗らずに行ける距離だと千早正隆さんは言っていました。だから、電車内で失くすことも考えにくい。黒島は確信犯だった。軍令部の一部にいた私の元上司・土肥一夫《どひかずお》さんも、同じことを言っていました。史実調査部に来た黒島に「これを貸せ」と言われると、貸さないわけにもいかない。土肥さんは元中佐、黒島は少将だったこともあるでしょう。しばらくすると、「ああ！悪いね。あれ失くしたよ」と言われる。軍令部のファイルの何冊かで同じことをされたと言っていました。ああいう困った人が入ると、史料も危うい。

大木　「天網恢々《かいかい》疎にして漏らさず」で、その所業が伝わっている例ですね。黒島は連合艦隊から、戦争の後半で軍令部に移り、特攻作戦に関わるようになった。

戸高　土肥さんが軍令部に行ったのは昭和一八年の暮れです。すでに黒島亀人は「次の作戦では体当たりをやる」とはっきり言っていたそうです。土肥さんは、「体当たりするほどの気持ちでやれ、という意味かと思っていたら、実際に体当たりさせるというので驚いた」と言っていました。こう言っては何ですが、黒島さんや源田実《げんだみのる》さんは、兵隊を本当に駒のように扱い、躊躇なく特攻のような作戦を考える人でした。

大木　戸髙さんから聞いた話ですが、源田実が「ミッドウェイではパイロットを大事にしすぎて負けた。今度はもう徹底的にやる」と言ったとか。

戸髙　そうです。そこで南太平洋《たいへいよう》海戦になる。南太平洋海戦ではミッドウェイの約二倍、搭乗員が死んでいます。本当に乱暴です。

大木　そうですね。以前の通説では、ミッドウェイでは空母四隻とパイロットも多数失ったという話でしたが、澤地久枝さんの一人ひとり戦死者を調べた仕事により、空母はやられたけれど、パイロットはそれほど亡くなっていないことがあきらかになりましたね。

戸髙　救助するときも、搭乗員は優先されています。「飛龍」の艦上爆撃機（艦爆）の小林隊などはほぼ全滅しましたが、母艦に残っていたパイロットは救助されています。それが南太平洋海戦時には、だいたい一回飛んで、命からがら帰ってきたパイロットに対しても、すぐ「また行け」と言って飛ばしている。

大木　あれはすごい損耗率でしょう。

戸髙　ええ。特に、「翔鶴《しょうかく》」、「瑞鶴《ずいかく》」から出撃した艦爆・艦攻（艦上攻撃機）はひどくやられました。私の知っていた小瀬《こせ》本國雄《もとくにお》[*14]さんという空母「隼鷹《じゅんよう》」の艦爆乗りは、そのときは一日二回飛ばされたのです。くたびれ果てて帰って来ておはぎを食べていたら、また「すぐ行け」と言われ、人違いだと思ったそうです。「ええ！　俺がまた行くの？」と。でも「俺しかいないなら行くぞと思い、どんな無理な命令でも、張り切って飛びましたよ」と言っていましたが。

検閲用と本音用の日記があった

大木　少し話を戻しますが、先ほどの松井石根の日記の翻刻には、もともと書かれていないことが書いてありました。支那《しな》人を慈しみ、懐かせろ、という内容です。

戸高　右派にサービスをしているわけです。文献を起こす姿勢として、甚だ小説家的です。そのようなものは史料になってはいけない。

　日記は、普通他人に読ませないから思いのままに書くし、適当にも書く。自分しかわからない箇所も多いため、読むのは難しいものです。そこへ行くと、先ほどの『戦藻録』はほとんど書き直しもなく、最初から清書してあるようにきれいな文でした。

大木　永井《ながい》荷《か》風《ふう》※15の『断腸亭日乗《だんちょうていにちじょう》』と同じで、おそらく宇垣纏は将来重要な記録として後世に読みつがれると思って、自覚的に書いていますよね。

戸高　そうでしょうね。自分が死んで何十年かして、当時の人が日清《にっしん》・日露を振り返るのと同じような時代になったら、元連合艦隊参謀長のきれいな日記として本になると思いながら書いています。まるで原稿を書くようですから。

大木　陸軍幼年学校、士官学校、海軍兵学校では、日記をつけることが習慣づけられます。しかも、それが検閲されるものだから、軍人、特に将校は日記に本音を書かない癖がつきます。

戸高　検閲用と本音用、二冊の日記を持っている人がいたぐらいです。本音用の史料が出てくると、これは面白いということになりますが。

大木　生前に「日記はありませんか」と尋ねると、ご本人は「ない」と答える。ところが、亡くなってからご遺族に尋ねると、「こんなものが」と言って出て来る例もあります。

戸高　ご当人がお元気なうちは、日記は出さないでしょう。

大木　小島秀雄《こじまひでお》少将がそうでした。「当時の日記はドイツから逃げてくる時に失くしちゃった」と言っていましたが、後で出てきました。

戸高　小島さんの日記は、今どこにあるんでしょうか？　防研（防衛研究所）にでも入ったのでしょうか。

大木　我々はコピーを持っていますが、直系は絶えたはずでわかりません。ただ、ご長男は神父さんといっても妻帯していたはずなので、奥さまの家のほうにあるかもしれません。

戸高　昔の人について調べるとき、住所を聞き出すのが今の時代は難しいですね。昔は一〇四番に電話して名前を言うと、住所まで教えてくれましたが、今は駄目です。

大木 「水交会《すいこうかい》」から辿っていくのも、そろそろもう難しいでしょう。

戸高 そうですね。

大木 昔は水交会に聞くとわかりましたよね。

戸高 水交会が平成三（一九九一）年につくった名簿が最後ではないでしょうか。

大木 今や、水交会も海上自衛隊中心の団体ですから。

戸高 中には二世がいて、名前を見ると「これは誰々さんの長男かな」ということはわかります。そこで辿っても、小島さんのご遺族を私はとうとう見つけられませんでした。ものを調べる時には、当時者の史料や発言が、基本的には一番大事です。

ハワイ・ミッドウェイ図上演習でわかったこと

大木 その伝で言うと、我々は追体験ということで、ハワイ・ミッドウェイ図上演習を行いました。大変でしたが、あれをしたおかげで、ずいぶんと勉強になりました。司令部はこんなことをしていたのか、とわかりました。

戸高 発案したのは、横山さんだったのでしょうか？

大木 私が、あの手のシミュレーションが好きだったのです。そうしたら、横山さんに「戸髙さんのところへ行って、当時の規則がないか聞いて来い」と言われまして。
戸髙　そうだったんですね。
大木　海軍大学校の図演規則があったので、この図上演習の本物のルールに則《のっと》ってやってみようではないか、ということになりました。海軍大学校は大講堂で、各艦隊ぐらいに区切り、他からの情報を遮断して、実際の艦隊の司令官と同じ状態に置いていましたが、さすがにそれはできませんでした。そこで、審判部で一部屋、日本軍で一部屋、米軍で一部屋使うようにして、相手の情報は遮断するようにしたわけです。
戸髙　中央公論の本社の休日に、会社を丸ごと占拠して、まる一日かけてやりましたね。
大木　朝の九時ごろに集まって、終電近くまでかかりました。
戸髙　統裁官、審判部長が野村實《のむらみのる》さんという、非常に贅沢《ぜいたく》な演習でした。
大木　当時、野村さんは防衛大学校教授でした。
戸髙　なかなかスマートな方でした。私はあのとき、日本側の参謀長をやりました。
大木　はい。ほかに半藤一利《はんどうかずとし》さん、秦郁彦先生、亡くなられた関寛治《せきひろはる》*16東大名誉教授など、大変豪華なメンバーで行いました。
戸髙　海軍大学校のルールそのままで行ったことに値打ちがあったと、私は思います。参謀やスタッフには定員がある。特に飛行機に関しては、本当に人が足りなかったことがわかりました。

実際に司令部が置かれていた状況がわかると、理解できることがあります。例えば、ミッドウェイでは、日本の海軍は偵察が弱かったとよく言われますが、あれは飛行機が少ないという問題ではなかったことがわかったのです。偵察に出した飛行機は、飛んでいる間はずっと、司令部で状況をトレースしなければいけません。トレースをサボると、知らない間に撃墜されてしまうからです。「連絡がないな」と思った時には、もう飛行機はいなかったりする。

大木　まさに、アメリカの空母の上を通る索敵機がいましたが、サイコロを振って、無電を打つ前にアメリカの戦闘機に撃墜されたことになりました。ところが、司令部の側では撃墜されたことがわかりませんから、ちゃんと飛んでいるはずだ、もう見つけていい頃だろうと思う。ところが見つからず、「どういうことだ？」となる。

戸高　本当にわからない。飛行機に頻繁に連絡を要求していれば、連絡がない時には「これはおかしい」と気づきますが、人数が少ないため、たくさん飛行機を飛ばすとフォローできなくなってしまうわけです。これが、索敵が弱い原因の一つだとわかりました。戦艦や巡洋艦の偵察機を入れれば、飛行機自体はかなりの数を持っていましたから。

大木　ずいぶんな数がありました。何なら艦攻を索敵に使ってもいいわけですから。

戸高　当時のセンスから言うと、艦攻は魚雷を持たせないと駄目だ、ということですが。そのように、実際がどうであったかということも、当時の史資料から逆に追体験できる部分があると思いました。
大木　もちろん、結果は実際とは違ったのですが。
戸髙　ただ、おおむね似ていました。不思議です。私たちは、すでに戦後の情報を知ったうえで行っています。だから、この辺で偵察機を飛ばさないといけないとか、この辺は警戒されているからと考え、少し知恵を足した作戦を立てていくのに、結果が現実とそれほど離れない。面白かったですね。
大木　演習前は、連合艦隊の司令部はどうして人がこれほど多いのか、無駄ではないか、などと思っていました。ところが、それはとんでもない話だった。
戸髙　足りないんですよね。

伝わりやすい文献情報だけだと、実際の雰囲気が抜ける

大木　演習後は、よくあの人数でやっていたなと思いました。機動部隊の司令部は、もう一回り小さかったのですから。
戸髙　本当にそうです。文献で知るだけでなく、当時どのような教育を受け、どのような知識に基づいて判断していたかを体験することは、重要です。

大木　もちろん実際の経験はできませんが、「ああ！　こうなっていたのか」と追体験することにも意味がある。例えば、単座戦闘機がラバウルから飛んで、ガダルカナルまで行って、戻ってくるのがどれほど大変だったかについても、疑似体験で苦労の一端をしのぶことができる。パイプ椅子に八時間ぐらい、トイレにも行かずに座ってみてください（笑）。

戸高　私の自宅から呉《くれ》にある大和ミュージアムまでは延べ約一〇〇〇キロ弱なので、「ラバウルからガ島ぐらいの距離です」とよく言います。ただ、そのような距離感は、なかなか伝わりませんから。歴史が難しいのは、伝わりやすい情報や伝わらない情報、伝わりにくい情報など、いろいろあることです。伝わりやすい文献情報だけを見ていると、当時の実際の雰囲気が抜け落ちることがある。

大木さんもいろいろな人にたくさん会い、当時の人がどんな心情で、どんな暮らしをしていたか、どのような判断基準を持っていたか、彼らのメンタリティまで考えながら文献を見ていると思います。それらを知ると、違う読み方になりますよね。

大木　そうですね。おそらく、事実を確定するのには、回想録や手記などはあまり当てになりません。一方で、例えば海軍士官なら海軍士官の回想録を片っ端から読むことで、一定程度、そうした人間集団の思考様式、感じ方は読み取ることができると思います。

戸高　私も「ああ、なるほど」と思ったことがあります。国力差が一〇倍、二〇倍と言われるアメリカに対して、絶対に勝てないと思われるような戦争によく打って出たな、バカじゃないか、あり得ないだろうという判断が、戦後はずっとありました。ところが、当時の人たちの話を聞くと、戦争は勝てるか勝てないか、といった判断で行うものではない、と考えていたことがわかります。勝てる戦争ならばやっても良い、とはならないのです。国の存亡を考えたときの決断なのです。「日露戦争の時も、当時日本の二十数倍の国力を持つロシアに開戦決意をしたんだ」と彼らは言うわけです。

戦後も、「ハルノート」のようなものを受け取ったら、モナコでもアメリカに宣戦布告すると言ったという話があるぐらいです。勝てる・勝てない、だけで判断していない。当時の人の判断基準を踏まえないと、ただただ、ありえない無謀な行動をしたと思ってしまう。考えないといけない部分はあるのです。

蓋を開けるとある日始まっているのが戦争

大木　実に解釈が難しいのは、海軍士官の人が口癖のように言っていた「戦うからには勝たねばならん」という言葉です。勝てない戦いをなぜしたか、という疑問は当然湧くわけですが、「戦うからには勝たねばならぬ」と断じていた海軍士官がなぜ？

戸髙　だから「大和」が出てくるわけです。

大木　叩き込まれる信条でしょうか。

戸高　そうです。だから、負けると思ってやることはできないけれども、負けそうだからやらない、ということもできない。戦争が怖いなと思うのは、この点です。戦後まで生き残った人の話だけですが、みんな「アメリカと戦って、勝てるとは思っていなかった」と言うんです。みんな「反対だった」と。それなのに、ある日蓋《ふた》を開けてみると戦争が始まっていた。みんながみんな「これは危険だ」と思っていても、どこかの歯車の加減で動いてしまうのが戦争です。見えないアクションで動いてしまうところに、戦争の怖さの一つがあります。

大木　確かに戦後、陸海軍ともに「指導者がバカだったじゃないか」と言われます。帝国大学に匹敵する存在だった海軍兵学校、陸軍士官学校と、当時の日本全国の秀才を選《よ》りすぐり、しかも頭脳だけでなく体力も試されたエリート中のエリートが始めた戦争が、なぜ駄目だったのか、と。

戸高　もう一つ難しいのは、ほかの問題なら、やり直したり試行錯誤したりして研究することができます。ところが、戦争だけはやり直して研究することなど、しようがありません。当然、してはいけない。失敗後に、どうすればうまくいくか、という実験はできません。だから、すべて知識、理性で理解し、判断していかなければいけない。戦争は再現実験不能なジャンルであるところが、特殊です。

戦争を知らない世代が戦争を伝える時代

戸高　三年ほど前に真珠湾に行きました。あそこは、「アリゾナ」が沈んでいる横に「ミズーリ」が浮いています。片方は戦争開始、つまり真珠湾攻撃で沈没したことのシンボル。片方は戦争終結、終戦署名をしたことのシンボルです。これを二隻並べている。全体が歴史博物館のような、アメリカ海軍のみごとなディスプレイだと思います。

日米の代表戦艦を名前に冠しているということで、大和ミュージアムは戦艦ミズーリ記念館と姉妹館提携をしました。「大和」は沈んでいますが……。その時に、あちらの学芸員の人と話をしました。少し前までは、真珠湾攻撃の現場にいた水兵さんたちが生きていた。そのおじいさんを呼んで体験をいろいろと話してもらうこともできた。ところが、もうできない、みんなお年だから、と。これからは、戦後生まれのスタッフが、知らない戦争を伝えていかなければいけない時代なんです、と。

これからは、戦争を知らない世代の人間が、知らない戦争をさらに知らない世代に伝えなければいけない、三重苦のような時代です。きちんとした検証スタイル、これからの伝え方を固めておかないと、後々曖昧《あいまい》なものになっていく危機感が私もあります。

一方で、歴史というのは本来、そのようなところがあります。戦争を見聞きした人間がどの時代にも常にいるわけではありません。戦争がある時代は、やはり特殊な時代なので、戦争をどのように伝えなければいけないか。あるいはどのように伝えていけるのか。十分に考えなければいけない時期です。

大木　それは興味深い。戦国時代の話も、経験者がみな死に絶えた後は、伝承などをもとに「信玄《しんげん》と謙信《けんしん》の合戦はこうだった」とつくられてきたわけですからね。

戸高　それで、どんどんドラマになっていってしまう。

大木　江戸《えど》時代に、我々がよく知る一騎打ちなどのドラマはでき上がったんですよね。歴史研究では、そのようなドラマを洗い直し、例えば関ヶ原《せきがはら》合戦は我々が知るような展開ではなかった、と指摘する人も出てきています。では、一体我々は、どのように知りえぬ戦争、知りえぬ歴史を伝えていけばいいかというと、おそらく「これさえやればＯＫ」という正解はないのでしょうね。

戸高　それはないんですよね。

大木　決定的な処方箋《しょほうせん》は無い。先ほどの図演もそうですが、「これをするとわかるかもしれない」「事実に近づけるかもしれない」ということをしていくしかない。回想録を山ほど読むことだったり、生の史料に当たってみることだったり、図演をやることだったり、現場に行くことだったり。さらに、そのどれか一つだけすればＯＫというものでもない。

戸髙　それらを並行的に行い、全体像、空気を知っていくことでしょうね。

戦争中や戦前に、支那事変（日中戦争）や大東亜《だいとうあ》戦争時代の従軍記が出ています。戦前に出たものだから、日本にとって都合の悪いことなど書いていません。みんな武勇伝です。だから、普通の人も戦争の歴史に取り組む人も、これらをあまり評価しません。ただ、現場にいた人が書いているものには、隠された事実もあるかもしれませんが、普通の兵隊さんの生活や行動についてはリアルなわけです。歴史的に意味がないという評価ではなく、そこから読み取れる情報を読み取る必要があると思います。

大木　おっしゃる通りです。そのような記録には、もちろん都合の悪いことは書いてありませんが、日本の検閲は、都合の悪いところを伏字にします。例えば、山岡荘八《やまおかそうはち》*17の潜水艦戦記。『海底戦記』でしたか？　あれは戸髙さんが伏字を起こしました。

戸髙　すべて起こしました。

大木　起こしてみると、意外に嘘は書いていなかった。

断片資料は、実は貴重なものである

戸髙　日本の検閲制度はザルでした。ゲラを見せられて、まずいところを潰《つぶ》すとき、その言葉だけを伏字にするから字数は残る。少し詳しい人なら、字数を勘定し、前後を考え、八分がた埋めることができます。

第一に、まずい場所が見えているのは、素人のすることです。アメリカの検閲は書き換えさせ、どこに検閲が入ったかはわからないようになっています。戦後、米軍が日本で行った検閲には伏字など一切ありません。すべて公表しているように見せ、実はすべて書き直させていて、検閲の対象が見えないようになっている。その点、日本は素直な国です。

『海底戦記』は、昭和一七（一九四二）年に出て、当時ベストセラーになったものを、戦後になって中公文庫に入れました。その文庫解説を頼まれたときに、「伏字のところ、埋まりませんかね」と言われたので、調べて全部埋めたのです。

大木　例えば、固有名詞が「●●少佐」と伏字になっている。その●●は、漢字二字分であることがわかってしまう。

戸高　「イの▼▼の機関長○○さん」と書いてあれば、当時の士官名簿を見る。当時、米空母サラトガを雷撃した伊《い》6号潜水艦長で、私がよく知っていた稲葉《いなば》通宗《みちむね》*18さんが作品の中に仮名で出ています。

大木　当時の中公は、戦記の伏字復刻版などに力を入れていたんですね。

戸高　当時はまだ、当人にまで辿ることができた時代です。よく覚えているのは、宇垣纏が終戦の日に特攻へ行った現場にいた人です。出撃直前の宇垣のスナップが十何枚かありました。みんなにお別れをし、飛行機に乗り、飛んでいくまでの写真です。雑誌『丸』がそのスナップをご遺族から借りてきて、グラビアにしたいので私に解説してくれ、と頼んできました。渡されたスナップ写真には、名前など書いてありません。自分でわかる名前だけ書きましたが、わからない人名は、勤め先の史料調査会の会長である関野《せきの》さんに尋ねました。すると、関野さんはジーッと写真を見て、「お！　高木《たかぎ》がいる」と言います。兵学校の同期だった高木長護《ひきもり》*19通信参謀が写っていたんです。

いきなり九州にいらした高木さんに電話をし、「お前、あの、宇垣さんが出るとき、その場にいただろう?」「俺のとこの若いのが話を聞きたいというから、話してやってくれ」と言う。受話器を渡された私は、高木さんにお話を聞きました。おかげで、そのときに書いた私の解説では、後ろ姿になっている人まで人名を入れることができました。

チャンスを逃したら、永遠にわからないままになってしまう史資料もあるわけです。だから個々の、断片的な情報も大切にしないといけません。立派な研究書は長く残りますが、断片資料はなかなか残りません。雑誌や新聞の小さいコラムなど、埋もれてしまったけれど実は貴重な資料もあるわけです。戦後のボロボロの藁半紙《わらばんし》時代の本でも、今ならまだ辛うじて残っているので、たくさん蓄積し、資料にすることができます。放っておくと、戦争中から昭和二〇年代末ごろの本などは、藁半紙で酸性紙なので、あと何十年か経ったら物理的に崩壊してしまいます。貴重な史資料が目の前でどんどん失われつつある時代でもあるのです。

大木　まさに紙がボロボロでしょうが、酒巻和男《さかまきかずお》さん[*20]の『捕虜第一号』（一九四九年刊）は、どこかの出版社が復刻してもいいのに、と思います。ハワイ真珠湾を攻撃した特殊潜航艇の乗員は全部で一〇人いましたが、一人が人事不省になり、捕虜第一号になりました。その、捕虜になった人が酒巻さんです。

戸髙　薄くてペラペラな本ですからね。

大木　量が少ないから、復刻は難しいでしょうか。

戸髙　刊行時期は少しずれますが、酒巻さんは『俘虜《ふりょ》生活四ケ年の回顧』も書いています。この二作を合わせたら、薄いけれど本になるかもしれません。

大木　もっとも、ご遺族が捕虜は不名誉だと、復刻させたがらないのかもしれません。

戸髙　著作権の面でも難しいかもしれませんね。

大木　体験記にその時代のリアルさがあるというのは、先ほど戸髙さんがおっしゃった通りだと思います。もちろん、時局がかったプロパガンダやアジテーション的なものは眉唾《まゆつば》ですが、軍事用語の説明や一般向けの解説は、戦争中に出た、あるいは戦後すぐに出た刊行物は、まさに同時代を伝えています。戦後には出てこない水準のものもあります。

戸髙　現代から見れば「これはおかしい」というバイアスの掛かったような記事でも、その時代の空気が出ているところがあります。逆に、研究者や読者には、それを読むだけの力が必要です。ただ読んで、「ああ、そうか」と思うだけならば、小説を読んでいるのと一緒です。戦記資料として読むならば、背景まで理解するだけの蓄積がないと読めない部分があります。そのような勉強を、学校などでシステマティックに学べればいいのですが。なかなか講座をつくるところはないでしょう。

大木　難しいでしょうね。

もう退官されたと聞いて驚きましたが、おそらく一橋大学名誉教授の吉田裕《よしだゆたか》さん*21ぐらいまでではないでしょうか。史料なり記事を読むときに、「ここはこう読むんだ」と教えることができるのは。

戸髙　吉田裕さんは、自分は『丸』少年だったと言って、一見価値の無さそうな戦記資料も否定しない。ニュートラルで良いですね、文章も読みやすい。

戦闘詳報の改竄

大木　戸髙さんはよくご承知ですが、日本陸海軍の文書は、いわゆるお役所の文章です。私もドイツの文書を読んだり、アメリカやイギリスの史料を見たりするので、どこの国の軍隊も、文章がお役所的なのは同じですが、日本の陸海軍の文章は特に甚だしい。

戸高　陸海軍文章ですね、本当にそうです。特殊なタームが連発して、読みにくい。わざわざ読みにくくしているのかと思うところがあります。

大木　しかも、戦闘中はきちんと艦橋に担当の士官を置いて記録させていますが、それが戦闘詳報になるまでのあいだに、いろいろある。

戸高　上はそれこそ艦隊の戦闘詳報、その下に戦隊の詳報、隊の詳報といろいろな記録があります。そして、ランクや現場ごとに見解が違ってしまう。理屈上は、時間でそれほど狂うはずがないのですが。上にあげる際、一つに整理しなければいけなくなるときに、見解のズレが都合のいいように整理されてしまう。数が一番多いのは、航空隊の戦闘詳報です。毎日毎日、小さい部隊が出撃しますから。

私が驚いたのは、乙飛の五期で零戦のエースと呼ばれた角田《つのだ》和男《かずお》さん[*22]から聞いたお話です。戦闘詳報を彼自身がラバウルで書いていたそうです。つまり、下士官として取りまとめて書き、提出した。戦後に用事があり、自分の書いた戦闘詳報を防衛庁（現・防衛省）の防衛研究所で見たところ、なんと内容が違っていたという。手が入っていたんです。

それも大変なことですが、さらに驚いたのはこういうことです。当時、士官搭乗員もたくさん戦死したために人数が足りず、下士官兵だけで作戦を行ったケースもありました。そのとき、戦果が挙がった際の戦闘詳報は、知らぬ間に指揮官が兵学校出身の士官の名前になっている、と。さらに、兵学校出の士官が指揮しても損害が大きかった際の戦闘詳報では、逆に指揮官は下士官の名前になって出ている。つまり、改竄です。

「戦闘詳報も全部は信用できないのですよ」と、自分で戦闘詳報を書いていた現場の人間として、角田さんはぼやいていました。

正しい把握からしか正しい結果は生まれない

大木　戦果確認で、敵を落としたか落とせなかったか怪しい場合でも、せっかく頑張ってきたんだから落としたことにしよう、とすることがあったと聞きました。

戸髙　そうです。戦果判定に関しては、日米ともに過大なスコアを残しています。

空中で見て、自分が撃ち、振り返ったら火を噴いて落ちていましたと。隣の飛行機も俺が撃ったのだと思っていれば、そこでいきなり二機落とした、という報告になってしまうそうです。ただ、やむを得ない部分もあります。特に、太平洋（海）に落ちたものについては、チェックできないためです。ヨーロッパ戦線だと、地上部隊がきちんと撃墜対象の現物をチェックし、報告が上がらないと正式なスコアにしません。厳密です。

大木　アメリカも、ガンカメラを積んでまで戦果を確認しています。戦闘には負担になるのに、なぜガンカメラを積むかといえば、一〇機落としたつもりでいても、実は一機も落ちていない場合、次の作戦に支障を来たすからです。
ドイツ空軍が戦果確定に厳格だったのも、戦功認定のためばかりではありません。本当に一〇機なら一〇機落としたのか確認しないことには、次の作戦の前提が成り立たないからだといいます。
戸高 誠にその通りなんです。そこがルーズになると、敵がほぼいなくなったと思ったのに、実際に行ってみたらまだ山ほどいて、痛い目に遭うことも起こりえます。そのようなケースが、日本では実際にありました。歴史の勉強と一緒で、正しい情報からしか正しい結果は出ません。正しい歴史把握をしなければ、正しい結果を生み出せない。その点では、戦果判定と、歴史の勉強、研究は同じようなものです。
大木 なるほど。例えば、三四三空の初陣で紫電改《しでんかい》がバッタバッタと五二機を落とした、と称していました。ところが、『源田の剣《つるぎ》』（高木晃治／ヘンリー境田共著、改訂増補版、双葉社、二〇一四年）という研究書によると、米軍側の損害報告をまとめた結果では、一四機しか落ちていないことがわかった。
戸高 当時としては大戦果ですが。
大木 確かに。当時はワンサイドゲームで、こちらばかりバタバタ落とされ、相手を一機も落とせなかったことがざらにありますから。

戸高　勝っても負けても、いい話でもまずい話でも、正しい情報をきちんと前提にしなければ、正しい結論が出て来ない。それが一番大事です。大井篤さんは、口を開くとそればかり言っていました。大井さんの口癖は「ファクト、ファクト」です。ファクト大井、と言われることもあったくらいです。

大木　普通の戦闘詳報についても、上にあげる報告についても、いろいろメイキングがある、ということですね。

歴史に残るメイキング――ババル島虐殺事件

大木　これはすごいと思ったメイキングがあります。ニューギニアとチモールのあいだにある小さな島、ババル島に広島第五師団の分遣隊がいた時のことです。島民が不穏な動きを示し、兵を襲ったりしたため、女性・子どもを含む島民四〇〇人以上を銃殺する事件が起きました。

この事件を報告する広島第五師団の文書が三ヴァージョンあり、メイキングの過程が如実に現れていることを、武富登巳男《たけとみとみお》さんが明るみに出したのです。武富さんは元陸軍曹長で、「兵士庶民の戦争資料館」を主宰されていました。奇特な方で、いろいろなモノや紙の史料を集めていましたが、その中に、広島第五師団参謀部にあがってきた報告書があったというわけです。

報告書の第一ヴァージョンには、軍に都合の悪いことも赤裸々に書いてありました。第二ヴァージョンになると複数箇所が削られており、最後のヴァージョンでは、島民が不穏な動きをしたため仕方がなかったというような、「きれいな」結論になっていました。その三ヴァージョンすべてが、揃って出てきた。

戸髙　それは珍しいですよね。

大木　虐殺事件ということもあり、重要な発掘です。他にも、いわゆる員数合わせで、本当はあるものをないと言って上に報告したりすることは、日本軍の史料ではざらにあることですね。

戸髙　事実と違う報告で有名なのが、先に述べた、台湾沖航空戦の戦果です。あのときは軍令部に直接報告が来て、作戦課にいた源田実さんは大喜びした。参謀の源田さんが「大戦果だ」「追撃だ」と言うのに対し、土肥一夫さんは「いくら何でも多すぎでしょう。実際はその半分ぐらいではないですか」と言った。すると「お前は俺の航空隊の戦果報告を疑うのか！」と、源田さんが怒鳴りつけてきた。

当時の源田さんは司令の立場にはいないし、指揮官でもありません。ところが、頭の中はゲーリングと一緒だったのでしょう。飛行機は全部自分のものだと思っているから、怒鳴った。自分に都合のいい数字を信じたい、都合の悪い事実は信じたくないという思いが抑えられなくなっている。

大木　そこで問題になるのは、生の史料が持つ問題です。この戦争について調べようとするとき、アジ歴（アジア歴史資料センター）や防衛省防衛研究所史料閲覧室、あるいは靖国《やすくに》の偕《かい》行《こう》文庫に行けば、生の史料が見られます。ただ、戦争を知らない世代が、このようなメイキング文書に書かれた内容を鵜呑《うの》みにしてしまうと……。つくられた戦闘詳報があるわけですから、機微がわからずに書かれてあることを額面通りに受け取ってしまうと、これはまずい。

戸高　その通りです。先ほど言ったように、生の史料には生の史料なりの危険性があります。テキストとしてクリーニングされていない部分があるからです。一次史料だから全部本当だと思い込むのは、駄目です。やはり、史料を読むための前段階の勉強が必要です。

大木　メイキングもあるということを知り、あとは軍隊文化の理解ですね。

戸高　軍隊そのものを理解しないとわからないことが、たくさんあります。吉田裕さんのような人が、大学退官後に戦記文献の読み方などを教えてくれたら、若い人もあまり迷わないようになるのではないでしょうか。

大木　カルチャーセンターや私塾のような場所で教えてほしいですね。今はもう、体験者に聞くことができませんから。

戸高　時どきテレビで一〇〇歳前後のおじいさん、おばあさんを捕まえて、当時その場にいた人だからといって話をさせようとします。私は「もう無理だから、やめた方が良いですよ」とよく言います。無理やり話をさせて、変なことを言わせてもかえって良くありません。実際の当時者からヒアリングする時代は終わったと思ったほうがいいのです。

＊1　中島知久平　一八八四～一九四九年。海軍軍人・実業家。海軍機関大尉。海軍機関学校一五期。横須賀工廠造兵部委員など。一九一七年に予備役に編入されたのち、中島飛行機株式会社を創立。一九三〇年の初当選以降、一九四五年まで衆議院議員。鉄道大臣、軍需大臣、商工大臣等を歴任。戦後、A級戦犯容疑者となるも、一九四七年に戦犯指定から解除される。

＊2　秋山真之　一八六八～一九一八年。海軍中将。海兵一七期。海軍大学校教官、連合艦隊参謀、軍令部参謀、海軍省軍務局長などを務める。日露戦争の海軍作戦を立案した人物として知られる。著書に『海軍基本戦術』、『海軍応用戦術／海軍戦務』（いずれも中公文庫、二〇一九年）がある。

＊3　大多和達也　一九一九～？年。海軍中尉。一九三四年、第五期予科練習生として、海軍横須賀航空隊に入隊。空母「蒼龍」、「隼鷹《じゅんよう》」乗組、海軍横須賀航空隊勤務など。戦後、海上自衛隊に入隊。退官後、全日空に入社。著書に『予科練一代』（光人社、一九七八年）。

＊4　藤田怡与蔵　一九一七～二〇〇六年。海軍少佐。海兵六六期。空母「蒼龍」、「飛鷹《ひよう》」乗組、第三〇一航空隊飛行隊長、戦闘第四〇二飛行隊長など。戦後、日本航空に入り、機長を務める。

＊5　黒澤丈夫　一九一三～二〇一一年。海軍少佐。海兵六三期。第三航空隊分隊長、第三八一航空隊飛行隊長、S戦闘機隊飛行機隊長、第七二航空戦隊参謀など。戦後、第二復員省に勤務したのち、一九六五年より故郷の群馬県上野村村長に就任。一九八五年の日本航空機御巣鷹尾根墜落事故では、生存者の救援に指導力を発揮した。

＊6　関行男　一九二一～一九四四年。海軍中佐。海兵七〇期。台南航空隊、戦闘第三〇一飛行隊分隊長等。一九四四年一〇月、海軍初の特別攻撃隊である敷島隊指揮官として戦死。死後、二階級特進。

＊7　近江兵治郎　一九一一～？年。海軍少尉。一九三一年、横須賀海兵団に入団。戦艦「長門」、給油艦「鳴門《なると》」、水上機母艦「瑞穂《みずほ》」乗組を経て、一九四〇年より連合艦隊司令長官付従兵長。一九四三年より、横須賀鎮守府付、対空射撃指揮官学生、厚岸《あっけし》防備隊勤務など。終戦後、処理部隊に残留、海軍少尉に進級。著書に『連合艦隊司令長官山本五十六とその参謀たち』（テイ・アイ・エス、二〇〇〇年）。

＊8　渡辺安次　一九〇三～一九七〇年。海軍大佐。海兵五一期。連合艦隊参謀、海軍省軍務局第二課勤務等。戦後、海上保安庁に入り、第一管区・第七管区本部長を歴任。

＊9　神重徳　一九〇〇～一九四五年。海軍少将。海兵四八期。軍令部第一部第一課勤務。第八艦隊参謀、巡洋艦「多摩《たま》」艦長、連合艦隊参謀、第一〇航空艦隊参謀長など。一九四五年、航空機事故で殉職。死後進級。

＊10　松井石根　一八七八～一九四八年。陸軍大将。陸士九期。上海派遣軍・中支那方面軍司令官等を歴

任。復員後、内閣参議、大日本興亜会総裁などを務める。戦後、東京裁判でA級戦犯とされ、死刑に処せられる。

***11　田中正明**　一九一一～二〇〇六年。政治運動家・著述家。一九三三年に興亜学塾を卒業したのち、陸軍軍人松井石根の私設秘書を務める。戦後、公職追放を経て、『南信時事新聞』編集長、世界連邦建設同盟事務局長、財団法人国際平和協会専務理事等を歴任。『パール判事の日本無罪論』（小学館文庫、二〇〇一年）など著書多数。

***12　田岡俊次**　一九四一年～。ジャーナリスト・軍事評論家。一九六四年、早稲田大学政治経済学部卒業後、朝日新聞社に入社。同東京本社社会部の防衛庁（現防衛省）担当記者、編集委員などを経て、現在はフリーのジャーナリスト。『日本の安全保障はここが間違っている！』（朝日新聞出版、二〇一四年）など著書多数。

***13　黒島亀人**　一八九三～一九六五年。海軍少将。海兵四四期。連合艦隊参謀、軍令部第二部長、大本営海軍部参謀等を歴任。

***14　小瀬本國雄**　一九二一～？年。海軍飛行兵曹長。第五三期操縦練習生教程卒業。空母「加賀」・「蒼龍」乗組、宇佐海軍航空隊操縦教員、第六五二海軍航空隊、攻撃第五飛行隊等。著書に『激闘艦爆隊』（朝日ソノラマ「新戦史」シリーズ、一九九四年）がある。

***15　永井荷風**　一八七九～一九五九年。日本を代表する小説家の一人。一八九九年、官立高等商業学校附属外国語学校（東京外国語学校）清語科中退。一九〇三年より米仏に外遊。帰国後に書いた『あめりか物語』（博文館、一九〇八年）が絶賛される。代表作に『濹東綺譚』（岩波書店、一九三七年）など。

*16 **関寛治**　一九二七〜一九九七年。国際政治学者。一九五三年、東京大学法学部を卒業。その後、東京大学東洋文化研究所助手、國學院大學助教授、東京大学東洋文化研究所教授、立命館大学教授等を歴任。『現代東アジア国際環境の誕生』（福村出版、一九六六年）をはじめ、著書多数。

*17 **山岡荘八**　一九〇七〜一九七八年。小説家。印刷所に勤務しつつ、小説家を志す。一九三八年、「約束」で「サンデー毎日大衆文芸」に入選。デビュー後は、つぎつぎと作品を発表し、国民作家の地位を確立する。代表作に『徳川家康』（全二六巻、大日本雄弁会講談社、一九五三〜一九六七年）。

*18 **稲葉通宗**　一九〇五〜一九八六年。海軍大佐。海兵五一期。一九四二年一月一一日、伊六潜艦長として、米空母「サラトガ」を雷撃損傷させた後、伊三六潜艦長。終戦時は佐世保潜水艦基地隊司令。著書に『海底十一万浬』（朝日ソノラマ航空戦史文庫、一九八四年）がある。

*19 **高木長護**　一九〇八〜??年。海軍中佐。海兵五七期。第七五五空通信長、第五一航空戦隊参謀を経て、終戦時は第五航空艦隊参謀。

*20 **酒巻和男**　一九一八〜一九九九年。海軍少尉。海兵六八期。甲標的母艦「千代田《ちよだ》」、潜水艦「伊二四」乗組を経て、特殊潜航艇艇長としてハワイ真珠湾攻撃に参加するも、捕虜となる。戦後、ブラジル・トヨタ社長。著書に『捕虜第一号』（新潮社、一九四九年）など。

*21 **吉田裕**　一九五四年〜。歴史学者。一九七七年、東京教育大学文学部卒業。一橋大学助手から講師、助教授、教授に進み、二〇一九年退官。同大名誉教授。日本軍事史を専攻し、『昭和天皇の終戦史』（岩波新書、一九九二年）など、多数の著書がある。

*22 **角田和男**　一九一八〜二〇一三年。海軍中尉。一九三四年、飛行予科練習生第五期。空母「蒼龍」

乗組、第一二航空隊・第二航空隊・第二五二航空隊、第二〇五航空隊戦闘三一七飛行隊などに勤務。戦後、茨城県開拓隊に入り、山村開墾に従事。著書に『修羅の翼』(光人社NF文庫、二〇〇八年)。

終　章　公文書、私文書、オーラルヒストリー

——史料編2

史資料管理の難しさ

戸高　史資料は、当人の代では出にくく、奥さんが生きているうちはなかなか出ません。奥さんが亡くなって出る、息子さん、お孫さんになって出るというケースが多い。その時に難しいのは、お孫さんぐらいになると、今度は「これは何だ？」「汚い書類の束か？」と思ってしまい、貴重な史資料を燃えるゴミに出してしまうことがあるのです。たくさん聞いています。後で聞かされて、本当に半年ぐらい食事がまずかったことがあります。

大木　逆の例もありますね。山本五十六《やまもといそろく》の参謀だった三和義勇《みわよしたけ》[＊1]さんの場合、奥さんが大らかな人だったので歴史史料として貸してくれた。

戸高　ところが子どもの代になったら、貸してくれなくなったという。

大木　娘さんの代に、プライベートな物を誰彼構わず見せるわけにはいかない、ということになってしまいました。確か、娘さんが書いた本（三和多美『海軍の家族』文藝春秋、二〇一一年）に、父の日記がいろいろなところに出回っていてけしからん、という記述がありました。

戸高　現在は防研に入っているはずですが、閲覧しにくくなってしまっているかもしれませんね。私は誰でも見せてもらえた頃に全ページをコピーできました。

日記の場合、何年の分だけ貸した人から返っていなくて無い、ということもあります。個人の所有物であると同時に歴史的でもあるという、その際《きわ》にある史資料の管理は難しい。

大木　欧米では、個人のものでも公文書館に寄託するなりして管理されている例が多いですが、必ずしも日本はそうではありません。有名なところでは、大分県立先哲史料館が本にするまでは、山本五十六と堀悌吉《ほりていきち》の往復書簡は行方不明でしたから。

戸高　そうでした。遺書（「述志《じゅつし》」）があることだけは知られていましたが、現物は長くご遺族が保管され、その後先哲史料館に寄贈された。ある程度時間が経って出てくるのは、それはそれでいいことです。先哲史料館はよくやりました。

大木　そうかと思えば、かつて東京裁判を行った市谷《いちがや》の講堂と周辺を改築のために取り壊していると、地中から旧軍の文書が出てきたこともあります。現代史の史料が「出土」した珍しい例です。紙束が燃えきっていないのを、穴を掘って埋めた。それが残っていた。

戸高　表面だけ焦げていてね。

大木　火をつけても燃え尽きないので、埋めたようです。面白いと思ったのは、復元するためには、とにかくいったん凍らせるということです。

戸高　一度凍らせて冷凍庫で保存し、少しずつ解凍しながら、復元していく。

大木　その史料は、現在は戦史研究センターに入っています。三分の二ぐらいは駄目だったけれども、三分の一は復元に成功したそうです。ただ、歴史の理解を変えるような史料はなかったようです。大騒ぎになったとも聞きませんから。

ナショナルアーカイブスとライブラリー・オブ・コングレス

戸髙　どのような史料でも残していたら、史料は増える一方です。世界中が古文書で埋まってしまい、人間が暮らせなくなります。世の中が古物商の倉庫のようになってしまう。時に関東大震災のような災害が起き、燃えても仕方がない。要するに、史料にも一つの運命がある、ということです。

「こんなものがよくぞ」というものが残っているし、逆に消滅するものもたくさんある。しかし、無くなったものを憂えていても、復元不能なものは仕方がありません。納得しなければいけない。あくまで、残ったものをどうきちんと解析し、読み込み、将来のために役立てるかが重要です。何でもかんでも残せばいい、というのは一方的です。さじ加減はとても難しいですが。

大木　文書館に委託するときは、文書館のほうで「これは史料的価値がある」というのを選び、あとは……。どこもそうですが。

戸髙　私も博物館を運営していると寄贈品に出会いますが、お断りするケースは多いです。何とか鑑定団のおじさんではありませんが「おたくで大事にしてください」としか言いようがないものはあります。

大木　何か新しい史料が出てくるとしたら、それはナショナルアーカイブス（アメリカ国立公文書記録管理局）からでしょう。占領期に押収された日本の文書はあそこに持って行かれましたが、あまりにも膨大過ぎて、まだ返却していないものがあります。

戸高　ありますね。ナショナルアーカイブスには、七回ほど行きました。あそこには、本来なら日本に返還するはずの史料がまだ残っています。終戦時、日本から陸海軍文書と政府文書を山ほど持って行ったものの、あまりにも膨大で、日本語を読める人が山ほどいるわけでもない。十分に解析できないまま、昭和三〇年代に陸海軍文書を当時の防衛庁戦史部に返還してきました。

とはいえ、持って行くときもアバウトに持って行き、返したときもアバウトに返してきた。持って行ったものの全リストはないし、返ってきたものが、持って行ったものすべてかどうかもわかりません。だから当然、アメリカが返しそびれてそのままになっている陸海軍文書があるのです。

大木　悪意があって返さないのではない。

戸高　ほとんど作業上の理由でしょう。

みんなナショナルアーカイブスに行きますが、ライブラリー・オブ・コングレス（アメリカ議会図書館）にも行くべきです。あそこにも史料があるからです。私は一度ライブラリー・オブ・コングレスへ行きましたが、そこも日本語を読める人数は少ないのに、史料は多い。

八〇年代に行ったときには、未整理の日本語の史料があるので、リストアップして閲覧できるようにしたい、重要なものから整理して閲覧に回したいので優先順位をチェックしてほしいと頼まれ、見たことがあります。すると、「海軍制度沿革」の原本の揃いや、古いところでは明治時代に白金《しろかね》にあった海軍墓地の埋葬記録など、史料がたくさん残っていました。「わあ〜、これは早く整理しなければ」と思ったわけです。しかし、その後はなかなか足を運べていません。

大木　日本の公文書館や戦史研究センター、外交史料館の専門スタッフに予算を付けて調査派遣させればいいのに、と思いますね。こちらから出張して整理させ、何なら撮影して、「本物は日本に返してほしい」と言えばいい。

戸高　データ化する経費を持つから現物を返せと言えば、向こうは大喜びするはずです。置き場所がいらなくなりますから。向こうは量を減らしたい。減らすには、昔ならマイクロフィルム化、今ならデジタル撮影。それはそれで経費が必要なので、両方がメリットを感じるような事業をやるのは、いいアイデアだと思います。

現役の史料管理者である私としては、実際、増えすぎて困るという思いはあります。「置き場がない」というつらさと、「あれもこれもきちんと残さないと」という思いが、頭の中でせめぎ合っていて、なかなか深刻です。

時代状況を知るには同時代史料が重要

大木　戦史を書く側、ライターのほうも、かつて雑誌『世界の艦船』や『航空ファン』などで、そうそうおかしなことを書く人はいませんでした。

戸髙　それこそ現場にいたような人が目を光らせていて、すぐ突っ込みますから。

大木　元自衛官や、あるいは三菱で戦闘機や護衛艦を実際につくっている、という人も書いていました。ところが貧すれば鈍するというのか、いまは「こんなことは言えないだろう」ということが書かれているのを目にしてしまう。かつてのウルサ型編集者もみんな引退してしまい、「面白いからいいや」で通してしまうのでしょう。勉強していないライターと編集者が増えてしまった、という憂いはあります。

戸髙　そうなんですよね。歴史の中でも、戦争の歴史は本当に特殊で、言葉自体が『広辞《こうじ》苑《えん》』を引いても出てこないものが連発されます。最近は戦争中のことを書いた研究書を読んでいても、へんてこりんだと思う言葉や表現が目に止まります。架空戦記であれば何でもいいですが、ノンフィクションのスタイルを取るならば、もう少しきちんと調べて書きなさい、と。学ぶ場や機会がなく、独学のような世界になってしまっていることも大きいのではないでしょうか。繰り返しになりますが、それらをきちんと学ぶ場をつくっていくことは大切でしょう。

大木　その伝で言うと、同時代文化を知るためにも、戦前の百科事典などを見つけたら買っておくといいですね。

戸高　絶対に大事です。昔の人や物を調べるのに、現代の百科事典を使っていたら駄目なのです。現代の百科事典は今の知識レベルで書いているからです。昭和一〇年代のことは、昭和一〇年代の百科事典か辞典で調べたほうがいい。私なんか明治、大正、昭和でそれぞれ百科事典が四、五組あるため、それらが生活空間を甚だしく侵略しています。

大木　侵略される気持ちはわかります（笑）。百科事典でなくとも、昔、神保町《じんぼうちょう》の軍事専門古書店「文華《ぶんか》堂《どう》書店」の隅に山と積んであった教範や、「袖珍《しゅうちん》○○」のたぐいもありますね。

戸高　そうですね。それから漢字。当時の人がどう発音していたか、想像もできない読み方をしている場合もあるわけです。だから怖くて、うかつにルビを振れません。

大木　例えば、映画『真空地帯』（原作野間宏《のまひろし》*2）に出て来る「ブッカンバ」や「コシタ」は、恐らく今の人はみんな、わからなくてポカンとしてしまうでしょう。それぞれ、「物干場」

「袴下」（ズボン下）のことなのですが。

戸髙　当時はまだ現役の人がたくさんいて、映画も見たでしょうからね。

大木　今だと字幕を付けないといけません。実際、『広辞苑』なども全面的には頼りになりませんからね。

戸髙　第三版ぐらいまでは、軍事用語もわりと載っていましたが、三版以降はガラッと変わります。三版では間違いも多いのですが。それこそ「満艦飾」を「万国旗」と書いていた。

例えば『岩波西洋人名大辞典』の初版は昭和七（一九三二）年ですが、だいぶ経って、戦後に次の版が出たものの、戦後版では軍人名がほとんど落ちていました。ヨーロッパの古い時代から、すべてです。昔の有名な軍人の名前で引こうと思っても、今の版では出てきません。出てきてもマハンなどの大物ぐらいです。一方、時代を反映して、戦前の版には結構出ています。だから古い事・辞典類を見つけたら買ったほうがいいのです。

ネットには、最新情報はよく出ています。ところが「何年ごろには〇〇だった」という、遡《さかのぼ》った時代の情報は、マニアのサイトは別として、なかなか出てきません。だから、自分で調べるしかありません。

大木　そうですね。

研究史を踏まえないと危ない

大木　例えば、豊田穣《とよだじょう》[*3]の『ミッドウェー海戦』では、初版と第二版で話が違うところがあります。初版では、いわゆる「運命の五分間」（「加賀《かが》」「蒼龍《そうりゅう》」「赤城《あかぎ》」の空母三隻が被弾、炎上する前、「赤城」では攻撃隊が発進直前で、あと五分あれば出撃できたとする逸話）はなかったことになっています。ところが、豊田穣は自分も海軍士官出身だからか、その後の本にはこの「運命の五分間」が入っています。あれは海軍の先輩から注意されたから、らしいですね。

戸髙　豊田穣さんが昭和二六（一九五一）年、最初に『ミッドウェー海戦』を書いたときには、絶対本物の戦闘詳報を見ていると思います。被弾の図など、戦闘詳報にある図がそのまま載っていますから。だからわりと内容は正確だったのですが、後に改訂版が出たときには、「運命の五分間」説になっています。戦後の海軍がつくりたかった欽定《きんてい》海軍史になってしまっている。恐らく、豊田さんは先輩に「ここはこう直せよ」と言われたんでしょう。

大木　そのようなことがあった上で、ミッドウェイを描いた外国作品、例えばウォルター・ロードの『逆転』が翻訳され、外国の研究も入ってきます。八〇年代にはG・W・プランゲの『ミッドウェーの奇跡』（一九八四年、原書房）が出る。日本では、澤地久枝《さわちひさえ》さんの『滄海《うみ》よ眠れ』で、「第一航空艦隊」から出てきた戦闘詳報をめぐって論争が起きる。評価や受け止められ方の段階的な変化に目を向けずに、いきなりミッドウェイならミッドウェイについて書くと、訳のわからないものになってしまう。どのような流れで、いかなる評価なり判断がされてきたかをつかんでおく必要があります。

戸髙　いわゆる研究史は踏まえないといけない。

歴史は固定したものでなくて、形がなかなか固まらないものです。時代によって、だんだん収斂《しゅうれん》され、きちんとしたものになっていくのが理想です。実際は最後まで、ユルユルとした部分が残るわけですが。物語にならないように、事実が事実として残るように努力するのが、私たちの最後の仕事でしょうね。

大木　我々はある程度、体験者に話が聞けたり、体験者に文書を出してもらったりすることができました。逆に、我々の時代には生々しいからという理由で言ってくれなかった、出してくれなかったものも、たくさんあります。だから、これから戦争を知らない人が戦争の調査に取り組む場合には、どのような研究がされ、誰がどのようなことを言ってきたのかを、まず押さえてほしいのです。

戸髙　そのプロセスが大事ですね。

日本軍はお役所文化

大木　軍隊はある程度規格化された組織なので、米軍でもドイツ軍でもあると言われるかもしれませんが、それでも日本陸海軍に特徴的な世界があると思います。戦闘詳報に象徴されるような、異様なお役所文化や戦果の確定方法です。部下が言っているから、「じゃあ、一〇〇機落としたことにしよう」となったら、次の作戦でしっぺ返しを食らうのに、それでもやる文化です。

それこそ戦後に出た「美しい」戦記などを読むと、軍人こそ「日本の侍」などと思ってしまう人もいるでしょう。ところが、そのようなことはまったくありません。特に、参謀本部や軍令部の中枢にいて偉くなる人は、基本的には役人タイプだと理解するのが正しい。

戸髙　完全に役人です。

大木　むしろ、中央に縁がなくて、ずっと隊付きの陸軍将校とか、海軍だと兵学校を出てから駆逐艦勤務一筋というような人たちのほうが、我々が思うところの武将像、指揮官像に近いところがあります。

海軍はわかりませんが、陸軍には「この人は〇〇少将の系列だ」という言い方があります。人脈・派閥ですね。発想も存在も、お役所です。

戸髙　海軍にも腰巾着《こしぎんちゃく》と言われた人はいますよ。

戦闘詳報の製作目的は、次の作戦のための資料を得ることと、戦功を顕彰し残すこと。この二つですが、並行的でした。

日露《にちろ》戦争時の陸軍の戦史は、完全に戦功の顕彰重視でした。太平洋《たいへいよう》戦争のときも、戦闘詳報をつくると、極秘の戦闘詳報は必ず功績を残すための部署である功績調査部に渡りました。そこで●●司令長官は、▼と◇でこのような戦果をあげたから、そろそろこの勲章かなと、算定用の資料に使うのが半分の目的です。

大木　恐らく、目的が混じり合ってしまったことが、日本陸海軍のつらいところ。

戸髙　事実を追求する部分と戦功顕彰の部分を、きちんと分けなければいけなかった。

大木　イギリスでも、第一次大戦まではそれらが混じり合っていたため、後で一部の巻を修正して刊行し直した、という話があります。研究・評価と、功績認定とは分けなければいけなかったんですね。

戸髙　全く別なものですからね。功績は、戦果があろうとなかろうと、「よくやった」という人はいるわけです。戦果があっても「お前、駄目だろう」というのもいるでしょう。

　戦争後に、どの国も公刊戦史、オフィシャルな戦史をつくりますが、公表する戦史には意外と力を入れていません。アメリカも、S・モリソン[*4]の『太平洋海戦史』は全一五冊です。大西洋《たいせいよう》と太平洋の両方で一五冊しかない。一方で、一〇二冊という戦史叢書の内三二冊が海軍関係ですから、日本の海軍戦史は、世界一の規模です。

大木　米陸軍の公刊戦史としては、太平洋・ヨーロッパに黒人部隊などの補巻を合わせて、装丁が緑色だったことにちなんで「グリーン・ブックス」と呼ばれているものが、七九巻ですね。アメリカの場合は陸海空海兵隊（マリーン）と、それぞれでつくりますが。

戸髙　数冊ずつですね。マリーンも多くはない。

　モリソンは、公表するのは大まかなものですが、正直なドキュメントは、別に原史料としてきちんと持っています。事実はきちんと記録してある。

大木　モリソンはアメリカ史の研究で有名な歴史学者ですから、モリソンに頼んで書かせた時点で、一般の人たちに読ませることが目的だった、ということですね。

戸髙　そうです。

大木　そのモリソン戦史であっても、「典拠は何だろう」と思って調べてみると、機密解除されていない文書を見て書いたことがわかります。後で機密解除された文書に依拠する研究書が出てくると、「ああ！　モリソンはこの史料を読んで書いていたんだ」とわかることがある。

戸髙　戦後、早い時期にモリソンはタフに、よく書き上げました。邦訳はハワイ作戦など二冊分ぐらいしか出ていません。

大木　ええ、途中で挫折《ざせつ》しましたね。モリソンの太平洋戦争米海軍公刊戦史の原著から、ハワイ真珠湾《しんじゅわん》で一巻、ミッドウェイまでで一巻、計二巻をそれぞれ上下に分割して、日本では全部で四冊翻訳刊行されています。

戸髙　自衛隊は内部用に、その後はガリ版刷りのような体裁で何冊かつくっていましたが、あれは刊行して欲しいですね。

大木　これもお役所的だと思ったのは、航空自衛隊と海上自衛隊で、別々の予算を取って別々につくっていることです。同じ巻を、です。

戸髙　それは気がつきませんでした。まったく無駄なことを……。

大木　内部資料だからと、外部に出ないのですね。

戸髙　筑土龍男《つくどたつお》さん*5の翻訳で、大西洋の潜水艦戦も出していますね。

大木　原書には、他にノルマンディー上陸作戦の支援を扱った巻もあります。

戸髙　自衛隊として参考にしたかったんでしょう。

大木　一般で刊行するなら太平洋戦争だけにして、七、八巻ぐらいに収まるでしょうか。

手堅い入門書を選ぶのは大切

戸髙　先ほど、学びの場がなかなかないという話をしましたが、一番問題なのは、程度のいい啓蒙《けいもう》書があまり無いことです。入門書が良くないと、その先に進めません。野村實《のむらみのる》さんの本など、小著でもアウトラインを見るのに手堅い本はあります。そのような本から入るといいと思います。大学でも、史資料の読み方を教える講座ができるといいのですが。

大木　現在はご存じのように大学の先生が忙しくて、校務と授業、両方で酷使されています。昔は、大学の先生にも余裕があり、中公の『日本の歴史』シリーズなどを書いてくれたわけですが……。岩波新書や中公新書で、最先端の学術的成果を一般の人たちにわかりやすく伝えることもできました。昔の先生は筆も立ったので、面白く読ませることもできましたが、今の大学の先生には、なかなか余裕がないと思います。

戸髙　学生に勤務評定されるような世の中では、先生をする人はいなくなりますよ。

大木　加えて、イデオロギーありきの人が、史実をつまみ食いした本をどんどん書くようになり、訳がわからなくなっている、というのが現状ではないでしょうか。

戸髙　興味を持って自分で勉強するかどうかが基本だと思います。入り口はゲームの「艦隊これくしょん」でもいいのです。「本当はどうだったんだろう？」という地点に一歩踏み込める、自分で調べたいという気持ちが動くようなものであればいい。私が勤めている大和ミュージアムでも、教えるというよりも、歴史に驚きと興味を持ってもらえることを重視しています。

　いつも思うのですが、教わったことは忘れるけれど、自分で調べたことは忘れません。だから、教えるというよりも、歴史的事実に興味を持たせることに重要さがあります。

そうして興味を持って調べようとした人が、いわゆる「トンデモ本」に当たってしまわないように、本書でも巻末にお勧めの手堅い入門書を紹介しました。
大木　ぜひ、参考にしてほしいですね。

史料の流れを見る

戸高　「何月何日に○○という法律が出ました」「○○という作戦命令が出ました」という事実に関係する事柄は、オフィシャルなものを歴史のベースとして確定していいわけです。法律は、どのように判断してこのような結果が現れたかという、そこに至る過程の部分がない。結果しか出ませんから。

　一方で、海軍省にも陸軍省にも、例えば法令が出る前に練りに練ったプロセスを書いた文書が、簿冊で綴《と》じてあります。まず、その法律をつくろうとした動き（起案）。次に、あちらこちらで回覧して、その素案を叩《たた》き合い、駄目出しした様子やその過程で出た意見。最後に、結論としてこういう法令がつくられた、ということを示す（結論）。古い公式文書では、それらを示した一冊がだいたい一緒に綴じてあるのがパターンです。ただ、現在の文書は、起案と結論しかないものが多くなり、途中を残さない傾向があります。

　途中を残さなくなるのは、我々も同じです。パソコンで原稿を書くようになるとそうなる。

大木　そうですね。推敲《すいこう》原稿が残りにくい。

戸高　昔は下書きして、消して、添削しながら清書に持っていくプロセスがありました。それが、今はもう上書きしながら、どんどん清書していきます。清書しか残らない。途中原稿がなぜ大事かといえば、思考が変わっていくプロセスがわかるからです。法律をつくるときは海軍でも、こういう理由だからこの条文は駄目だ、という論議があるわけです。結論しか見えないようになるのは、現代の弱いところではないでしょうか。

大木　ドイツでは、全部が全部ではありませんが、手書きの草案が残っています。それに修正する場合は、大臣が緑色の鉛筆、次官が青色の鉛筆というように、誰が書いたのかわかるように直してある。それをタイプで清書して、そこにまた直しを入れていき、最終的に完成稿をつくっていきます。それが一通り、史料として揃っていることがあります。

戸高　そういうものを見ると、書く側がどこに気を遣っていたかがわかるから面白いんですよね。歴史そのものとは別の、史料の流れを見る面白さです。

空気を残せるところがオーラルヒストリーの貴重さ

戸高　オーラルヒストリーも、オーラルヒストリーなりの面白さと価値があります。海軍反省会もそうですが、話している内容は、研究者ならだいたい八割は知っているようなものです。つまり新発見や、これまで誰も書かなかったことを表現しようとする場合には、オーラルヒストリーの体裁など、とりません。では、オーラルヒストリーで何が一番大切かといえば、それは当事者の語り口調です。

例えば三国同盟に対する考えにしても、それを文章で書く場合、「私は絶対反対だった」と書きます。読む側も、その意味でしか受け取れません。ところが、実際に話している録音データを聞くと、「もう俺は頭にきちゃって、泣いちゃったよ」という喋《しゃべ》りになっている。すると、同じ「私は反対だった」でも、受け取る緊迫度が違ってきます。「これをやったら日米が衝突するに違いないと思った」というほどの反対だったのか、そこまで考えていない、単なる反対だったのか。その人によって緊迫度や思いの強さは違い、そこには書き言葉だけでは伝わらないものがあります。

それが伝わるのが、オーラルヒストリーです。

「先生のお話を聞きたいので」と聞きに行っても、話す内容自体は、だいたい史料を揃えてあるものと同じです。内容的には、著書で書かれたものと変わらないけれども、当人が喋ったときのニュアンスや話しぶりのなかに、活字では伝わらないものがあるのです。伊藤隆《いとうたかし》さんもよくオーラルヒストリーの聞き取りを行っていますし、昔の「木戸《きど》日記研究会」もしていました。ニュアンスまで受け取れると、理解の枠が広がります。

大木　第一章の小沼治夫《こぬまはるお》さんのところで話した経験で、まさにいま戸髙さんが言われたことを私は感じました。話を聞く現場では、はらはらと落涙し、こちらももらい泣きするほどだったのに、書いた原稿がいざできあがってみると、まったく別物になっていた。

戸髙　私も、連合艦隊参謀の中島親孝《なかじまちかたか》さんが、自分の体験を書いた著書をもらったときに、似た経験をしています。本では、豊田副武《とよだそえむ》をあまり悪く書いていませんが、話しているときにはボロクソに文句を言っていました。「あれは書かないんですか」と訊《き》いたら、「いや、そんなこと書けないよ」と言っていたものです。

例えば、海軍反省会のテープを聞くと、豊田長官について、「あんなに朝から晩までガーガーと頭ごなしに怒鳴られていたら仕事なんかできないですよね」「そうだ、そうだ！」と言っている。その雰囲気は活字には残らないわけです。空気、雰囲気を残せるところが、オーラルヒストリーの貴重さだと思います。

大木　座談会の場などは、空気や雰囲気が流れをつくっているところが大きいと思います。「彼は兵学校の同期だ」「実はこの配置にいたときにこっちが上官だった」、「そのとき大喧嘩《げんか》した」といったことが絡み合って成立していますから。ゴシップのような事柄は、一つひとつでは何の意味もありませんが、たくさん集めると「ああ、この人とこの人は、こういう関係だから、こんなやり取りになるんだな」と推測できることがありますね。「だから搦《から》め手から攻めているんだな」と。

戸高　繰り返しになってしまいますが、特に海軍の人たちは、死ぬまで終戦時の階級順のまま暮らしていましたからね。

大木　それは士官だけではなく、予科練の人もみんなそうでしたよ。

戸高　「〇年の兵隊」でみんな通じますから。本だけを、普通に読んでいてはわからないところがたくさんある、ということをわかってもらえれば。

大木　こんなに調べた、こんなに文書を読んだ、こんなに研究書を読んだ。もちろんそれは大変すばらしいことで、大事なことです。しかし、それだけでは伝わらないこともあるのだと、畏《おそ》れを抱くことが必要ではないでしょうか。

戸高　そうですね。それが今回の私たちの話のまとめになりますね。

***1**　**三和義勇**　一八九九～一九四四年。海軍少将。海兵四八期。連合艦隊参謀、第一一航空艦隊参謀、南東方面艦隊参謀兼任を経て、第一航空艦隊参謀長。一九四四年、テニアン島で戦死。死後進級。

***2**　**野間宏**　一九一五～一九九一年。小説家。一九三八年、京都帝国大学文学部卒業後、大阪市役所に

勤務。一九四一年に召集され、中国やフィリピンに従軍するも、マラリアに罹病《りびょう》して帰国。一九四三年、社会主義運動の前歴があるとのかどで拘束され、大阪陸軍刑務所に服役。戦後、日本共産党に入党。一九五二年、『真空地帯』（河出書房）で毎日出版文化賞を受ける。一九六四年、ソ連に追随したとされ、日本共産党より除名さる。『暗い絵』（真善美社、一九四七年）など作品多数。

＊3　豊田穣　一九二〇～一九九四年。海軍軍人・小説家。海軍中尉。海兵六八期。空母「飛鷹《ひよう》」乗組の際、い号作戦に参加、乗機を撃墜され、捕虜となる。戦後、中日新聞社や出版社に勤務しつつ、小説を発表。一九七一年、『長良川』（作家社、一九七〇年）で第六四回直木賞を受ける。『海兵四号生徒』（文藝春秋、一九七二年）ほか作品多数。

＊4　S・モリソン　サムエル・モリソン。一八八七～一九七六年。アメリカの歴史家。一九〇八年、ハーヴァード大学卒業。一九一二年、同大で博士号を得る。以後、カリフォルニア大学バークレー校講師、ハーヴァード大学講師、英オックスフォード大学教授などを務める。一九四二年、大統領に米海軍第二次世界大戦公刊戦史の準備を提案し、海軍予備少佐に任ぜられた。最終階級は海軍予備少将。多数の著書があるが、『アメリカの歴史』（西川正身訳、全三巻、集英社、一九七〇～一九七一年）など、いくつかが邦訳刊行されている。

＊5　筑土龍男　一九一六～一九九九年。海軍少佐。兵六三期。伊二五潜水雷長として真珠湾作戦に参加。終戦時は潜水学校教官。戦後海上自衛隊幹部学校長などを経て、東郷神社宮司を務めた。

あとがき

今回、旧知の大木毅《おおきたけし》さんから旧軍人に聞いてきた話、その記憶を対談の形で残しておきませんか、との提案を頂き、とうとう私もそんな歳になったのだなあ、と思いながら二人で昔話に興ずることになった。その結果が、本書になる。

まえがきにあるように、大木さんとは三五年以上の付き合いになる。初めて会った一九八五年ころは、大木さんは中央公論社の名物編集者、横山恵一《よこやまけいいち》さんの助手として多くの軍人の取材に関わっており、得難い経験をしているので、面白い話が多い。

一方、そのころ私は、終戦時の軍令部一部長、つまり日本海軍の作戦部長であった富岡定俊《とみおかさだとし》氏が戦後設立した、軍事研究団体である㈶史料調査会の司書をしていた。史料調査会に出入りしていたのは、多くが海軍の佐官クラスで、連合艦隊や軍令部の参謀や、戦艦、空母といった軍艦の艦長経験者も多かった。

上司であった土肥一夫《どひかずお》さんに頼まれて一九八〇年から海軍反省会の雑用を手伝っていたこともあり、割合、多くの海軍関係者の話を聞く機会があった。しかし、当時の私は老提督たちの話を興味深く、面白い昔話として聞いているだけで、歴史的な探求心からのヒアリングをしているような気持ちが無かったために、特に記録も取らなかった。今から振り返ると、勿体《もったい》ないことをしたと思っている。もっとも、きちんとした証言を求めるような質問をしていれば、きちんとした答えが返ってくる代わりに、真面目な場所では口にしないような砕けた話や、部外者の前では決して口にはしない、海軍の暗部を聞くことはできなかっただろう。

歴史というものは無残なもので、かつて存在した世界にあった、その無限とさえ思えるほどのドラマの中の、悲しいほど僅《わず》かな事象しか後世には伝えられないものなのだ。

少し話が変わるが、長年資料館、博物館の仕事という、過去の歴史に関わる中で、いつも悩み、最も苦労するのは、普通のことが一番わからない、そして史資料が残っていない、ということに尽きる。例えば、立派な大礼服のような軍服は、実のところ有り余るほど集めることが出来る。ところが、普段使われていた普段着や靴、下着などは、状態の良い物は殆《ほとん》ど残っていない。戦後も使えたため、着潰《きつぶ》して消滅してしまっているのだ。

同じように、陸海軍の歴史においても、大所高所からの作戦記録や政治的判断の史資料は、かなりの量が文献として残っている。だが、海軍や陸軍、個々の兵士の生活感や軍人としての心理、そして軍隊内で末端にいる者の生活実態は、どれほど具体的に記録され、保存されているだろうか。

このように思うとき、陸海軍を構成していた軍人たちが、どのような心情をもって生きてきたか、その一部でも垣間見《かいまみ》ることが出来れば、歴史を学び、史資料を読み解く際の大きな参考になるのではないだろうか。

ほんの僅かな軍人からの聞き取りの記録とはいいながらも、大木さんとの談話の中から、文献ではなかなか伝えられない軍人の心情心理といったものが一部でも伝われば、この対談の意味も少しはあったと言えるだろう。

最後に、私たちの談話を纏《まと》めて頂いたＫＡＤＯＫＡＷＡの岸山征寛さん他、スタッフの方には本当に感謝しています。ご苦労様でした。

二〇二〇年五月

戸髙　一成

ブックガイド

【基礎文献】——戸高一成・大木毅推薦

まず、陸海軍を問わず、基本的な知識を得るために重要な文献を示す。書誌データは、現在入手しやすい版のそれを挙げた。

●**秦郁彦編『日本陸海軍総合事典』**（第二版、東京大学出版会、二〇〇五年）

昭和史の泰斗が、膨大な労力と時間を投じて編纂《へんさん》した事典。旧版のタイトルが『日本陸海軍の制度・組織・人事』であったことからもわかるように、旧陸海軍の制度と組織の変遷を解説した上に、明治建軍から敗戦までの主要職務歴任者一覧を付す。加えて、主要陸海軍人の履歴や陸海軍用語の解説等も含まれた、昭和史研究に必要不可欠なレファレンスブックである。

●百瀬孝『事典　昭和戦前期の日本　制度と実態』（伊藤隆監修、吉川弘文館、一九九〇年）

日曜歴史家だった著者が、サラリーマン生活のかたわら、一〇年余の歳月をかけて作成した労作。陸海軍のみならず、昭和戦前期日本の統治組織や法制、行政、政党などにも、簡にして要を得た解説を加えた事典である。軍事のみならず、昭和戦前期の研究を行う上で必須のハンドブックといえる。

●外山操『陸海軍将官人事総覧』（上法快男監修、陸軍篇・海軍篇、芙蓉書房、一九八一年）

陸海軍の将官すべての履歴を網羅した基本資料。一部、陸海軍が存続していれば、将官になったであろうと目される佐官クラス将校の履歴も含む。

●防衛庁防衛研修所戦史室（のち戦史部）『戦史叢書』（全一〇二巻、朝雲新聞社、一九六六～一九八〇年）

防衛庁（現・防衛省）による「大東亜《だいとうあ》戦争」の公刊戦史。旧陸海軍のあつれきを反映し、史書としては、さまざまな問題点をはらんでいるとの批判があるが、多額の国費を投じ、膨大な量の文書・証言を集めた上で編纂された戦史であり、日本陸海軍や第二次世界大戦を研究する際に、避けては通れない文献であることは否定できない。現在では、全巻オンライン上で閲覧できる（http://www.nids.mod.go.jp/military_history_search/CrossSearch）。

●日本国際政治学会太平洋戦争原因研究部『太平洋戦争への道　開戦外交史』（新版、全八巻、朝日新聞社、一九八七年）

満洲《まんしゅう》事変前夜から日米開戦に至る過程を、外交史を中心に論究した論文集。陸海軍の動きに関する史料を多数収録しており、現在でも太平洋《たいへいよう》戦争開戦史のスタンダードとなっている。

【陸軍】――大木毅推薦

●林三郎『太平洋戦争陸戦概史』（岩波新書、一九五一年）

自身、陸軍の参謀将校であった林三郎《はやしさぶろう》による太平洋戦争の陸戦通史。刊行時期が古く、今日では訂正を要する記述もみられるが、新書一冊にコンパクトにまとまったもので、太平洋戦争の陸上戦闘を概観するには、今日なお恰好《かっこう》の入門書であり続けている。

●伊藤桂一『兵隊たちの陸軍史』（新潮選書、二〇一九年）

兵役をはじめとする陸軍の制度・組織に解説を加え、さらに兵士の視点から、陸軍の日常を押さえた好著。現代ではわかりにくくなった、新兵の入営から満期除隊までの兵営生活についても理解できる。巻末の陸軍主要部隊一覧も使い勝手がよい。

●加登川幸太郎『三八式歩兵銃——日本陸軍の七十五年』(白金書房、一九七五年)

明治の創設から昭和の解体までを描いた陸軍の通史。著者は陸軍のエリート将校であったが、「……無数の将兵の苦闘を偲《しの》びながら、これに報い得なかった陸軍の不甲斐《ふがい》なさの因果関係を明らかに」するとの問題意識のもと、批判的な姿勢で書かれており、統帥や戦備、兵器など多面的な解説が加えられている。

●伊藤正徳『帝国陸軍の最後』(全五巻、光人社NF文庫、一九九八年)

戦前すでに一代の海軍記者として知られた存在であった著者による、陸軍の太平洋戦争通史。一般的な陸軍のイメージをつくったといっても過言ではないノンフィクション。ただし、その後の研究の進展により、今日では、さまざまな訂正が必要であると批判されている。しかしながら、新聞記者ならではの、当事者から聞き込んだとおぼしき情報も散見され、無視できない。また、戦後の日本陸軍理解の変遷を論じる上では、本書自体が「史料」になっているといえよう。

●保阪正康『昭和陸軍の研究』（上下巻、朝日選書、二〇一八年）

長年にわたり、膨大な数の当事者インタビューを行ってきた著者による昭和陸軍史。多くの証言を駆使し、陸軍の組織的問題点をえぐりだす研究である。

●中山隆志『関東軍』（講談社選書メチエ、二〇〇〇年）

本来、陸軍の出先機関にすぎなかった関東軍は、満洲事変、ノモンハン事件と、昭和史の重大な事件を引き起こした。その関東軍の創設から消滅までの四〇年を叙述した通史。

●堀場一雄『支那事変戦争指導史』（時事通信社、一九六二年）

日中戦争勃発《ぼっぱつ》当時、参謀本部に勤務し、のちに支那派遣軍政務主任参謀となった著者による戦争指導史。日中戦争史に関する基本的文献として定評がある。日中戦争はストレートに太平洋戦争につながるものではなく、政略的に解決できる紛争であったとの立場から、日中戦争を論じる。

●本庄繁『本庄日記』（普及版、原書房、二〇〇五年）

満洲事変時の関東軍司令官　本庄繁《ほんじょうしげる》大将の一九三一年から四五年までの日記を中心とした史料集。満洲事変の経緯や昭和天皇の動向などを記した昭和史の一級史料として知られる。なお、本庄繁の日記は、全五巻で山川出版社から刊行される予定だったが、今のところ、一九二五年～一九二九年分（第一巻、一九八二年）と一九三〇年～一九三三年（第二巻、一九八三年）しか出されていない。

●参謀本部編『杉山メモ』（普及版、上下巻、原書房、二〇〇五年）

杉山《すぎやま》元陸軍大将が参謀総長を務めているあいだに出席した御前会議、大本営政府連絡会議、その後進組織である最高戦争指導会議、昭和天皇への上奏などのもようを記録した文書。陸軍史のみならず、昭和史研究の基本史料である。

●参謀本部編『敗戦の記録』（普及版、原書房、二〇〇五年）

大本営政府連絡会議と最高戦争指導会議の記録を中心に、太平洋戦争後半の国策決定に関する記録を収録している。終戦史研究の必須史料。

●軍事史学会編『大本営陸軍部作戦部長宮崎周一中将日誌』（錦正社、二〇〇三年）

一九四四年一二月、大本営陸軍部作戦部長に就任した宮崎周一《みやざきしゅういち》中将の日誌のうち、おおよそ敗戦までのそれを翻刻したもの。終戦史の重要史料とされる。

●軍事史学会編『大本営陸軍部戦争指導班　機密戦争日誌』（上下巻、錦正社、一九九八年）

一九四〇年一〇月に参謀次長直轄第二〇班として設立され、政戦略を統一した戦争指導の推進を担当した「戦争指導班」の戦時日誌である。記載時期は一九四〇年六月一日から一九四五年八月一日までで、ほぼ太平洋戦争の全期間を網羅した重要史料。

なお、ガダルカナルやインパールなど、個々の戦役についての文献を列挙することは、紙幅の制限により困難である。それらについては、たとえば、陸軍史研究会による文献案内『日本陸軍の本　総解説』（自由国民社、一九八五年）を参照のこと。新しい文献については、専門誌『軍事史学』の新刊紹介欄をチェックされたい。

【海軍】――戸高一成推薦

日本海軍に関する本は、文字通り無数にある。しかし、海軍を知るために参考になる本と言うと、案外に難しい。ここで紹介するには、入門書として良い本であると同時に、現在入手しやすい本であることが望ましいが、残念なことに、良い本が現在はなかなか目にできない場合が多い。興味がある向きは、図書館などを利用することをお勧めする。個人的には、明治維新以来の日本人の戦争、その記録を中心とした文献を集めた図書館が必要であると思っている。そう思うのは、筆者ばかりではないだろう。

通史

●財団法人海軍歴史保存会編『日本海軍史』（全一一巻、財団法人海軍歴史保存会、一九九五年）

海軍歴史保存会は、海軍関係者が中心となって、幕末以来海軍解体に至るまでの、全方面の日本海軍史を編纂することを目的に設立された団体で、平成七年に全一一巻の「日本海軍史」を刊行した。日本海軍の通史の他に、海軍の各部門史が纏《まと》められていて、海軍の全貌《ぜんぼう》を見渡すには貴重な文献となっている。特に九巻、一〇巻は、海軍創設以来の海軍将官全員の履歴が掲載されており、他で得られない情報である。

●**野村實『日本海軍の歴史』**（吉川弘文館、二〇〇二年）

日本海軍の入門書と考えると、案外に少ないことに気が付く。公刊された海軍史の多くは太平洋戦争を中心としたもので、海軍史の全体像はなかなか分からない。先の「日本海軍史」は基本的な情報を押さえてはいるが、現実には、一一巻というボリュームは手に取りやすいとは言えない。

このような中で、本書は幕末から海軍の終焉《しゅうえん》までを、僅《わず》か二五〇ページほどに手際よくまとめてあり、一気に日本海軍の興亡の跡をたどることが出来る。極めて簡潔な書ではあるが、著者は海軍兵学校七一期卒で、戦艦「武蔵《むさし》」などでの勤務経験があり、終戦時は海軍兵学校教官、戦後は防衛大学校教授を務めた戦史研究者である。海軍に関する多くの実体験と豊富な史資料に基づいた本書は、日本海軍史の入門書として相応《ふさわ》しい一冊と言える。

戦史・戦記

●**外山三郎『日清・日露・大東亜海戦史』**（原書房、一九七九年）

海軍の歴史において、避けて通れないのが戦史である。日本海軍は、日清《にっしん》、日露《にちろ》の両戦役から、太平洋戦争終結まで無数の海戦を経験した。この中でも、主要な海戦のそれぞれの経過をたどったのが本書である。本書の特徴は、海戦の経緯を戦術的な分析から注目していることで、単なる事実の羅列に陥っていないことである。

著者は海軍兵学校六六期卒で、太平洋戦争では真珠湾《しんじゅわん》作戦以来の戦歴を持ち、海軍兵学校教官で終戦を迎えた。戦後は海上自衛隊に進み、海将補で退職、後に防衛大学校教授を務めた。本書は事典的なコンセプトで執筆されていて、海戦の概要を知るには便利な一冊である。

●佐藤和正『艦長たちの太平洋戦争・全――51人の艦長が語った勝者の条件』（光人社、一九八九年）

海軍という組織は、大きく見れば他の官衙《かんが》と同様に、制度組織、人事、そして艦船を中心とした艦隊運用能力によって構成されている。軍艦の無い海軍は存在しない。つまり、海軍の大きな要素は軍艦とその働きにあると言える。では、その軍艦の能力とは何かといえば、最高責任者である艦長の能力に負うところが極めて大きい。軍艦の能力を、ハードウェアとしてのカタログ的な数値で見ることには、大きな落とし穴がある。

本書は、太平洋戦争を生き抜いた艦長経験者の体験を直接取材した、いわばオーラルヒストリーである。戦艦、航空母艦といった大型艦から、駆逐艦、海防艦といった小艦艇まで、自分自身の判断に従って戦った艦長の証言を収録しており、全ての証言者が亡くなった現在、二度と得られない貴重な証言集であるといえる。

●吉田満『戦艦大和ノ最期』（講談社文芸文庫、一九九四年）

太平洋戦争における戦闘体験記として、本書を落とすことは難しい。

本書は、東京帝国大学在学中に海軍兵科予備学生として、昭和一九（一九四四）年一二月に戦艦「大和《やまと》」へ乗艦した著者による、「大和」最後の戦闘の体験記録である。著者は、本書を終戦後間もない時期に、一気に書き上げたという。「大和」の凄惨《せいさん》な戦いと爆沈は、初陣の青年に大きな衝撃を与えた。著者は、戦後も長く戦争と向き合った作品を書き残している。

「昭和十九年末ヨリワレ少尉、副電測士トシテ『大和』ニ勤務ス」という書き出しは、初の任務に向かう青年士官のものだが、場面はいきなり四月の特攻出撃直前の場面になる。以後、叫ぶような語調で「大和」は戦いに突入し、「大和」は爆沈する。「今ナオ埋没スル三千ノ骸《むくろ》彼ラ終焉ノ胸中果シテ如何」の言葉で終わる「大和」の戦いは、日本海軍の終焉でもあった。

著者にとって初めての戦いであったからこそ感じたのであろう、戦争の理不尽さ、無残さが克明に記された本書は、海軍ばかりではなく、戦争を考えるための必読の一冊と言って良い。

技術

●福井静夫『日本軍艦建造史　福井静夫著作集―軍艦七十五年回想記』第一二巻（光人社、二〇〇三年）

海軍とは何かと言えば、海防兵力としての軍艦と、軍艦によって編成された艦隊であると言って良い。海軍の他部署の全ては、軍艦の建造と艦隊の維持のための組織なのである。

では、明治維新以降の日本海軍は、どのようにこの軍艦を整備してきたのか。著者は、海軍技術少佐として終戦を迎えた後、日本海軍軍艦史の大成を期して一生を過ごした。晩年に至り、過去の膨大な雑誌原稿などを纏めた「著作集―軍艦七十五年回想記」が刊行されたが、本書はその一冊である。コンパクトではあるが、日露戦争までの軍艦輸入時代から、自国建造に向かい、明治維新から七〇年もたたないうちに世界最大の戦艦「大和」を建造するに至った経緯を、手際よく紹介している。

海軍を愛するあまり、批判的な記述が不十分であるという批判も少なくないが、著者自身は、「批判は他に相応しい人にお願いします」と、その心情を述べていた。だが、技術者としての立場からは、多くの失敗も書き残している。軍艦の神様と言われた平賀譲《ひらがゆずる》に教えを受けた海軍技術士官、その手によって書き残された記録は貴重なものである。

写真集

●福井静夫『写真日本海軍全艦艇史』（ＫＫベストセラーズ、一九九四年）

著者、福井静夫《ふくいしずお》が生涯をかけて収集した軍艦写真コレクションの集大成である。幕末の購入軍艦から世界的な巨大艦、そして、終戦間際に建造された特攻兵器に至るまでを、三〇〇〇枚近い写真で構成した、日本海軍軍艦史である。物心ついたときには、軍艦設計家になることを決めていたという著者は、子供の時から軍艦写真の収集を始め、最終的に二万枚に及ぶ日本軍艦写真を収集した。著者の願望は、全て自身の手によって写真を選定し、解説を加えて出版することであったが、健康が許さなかったために、編集委員会をつくって編纂を行った。おおむね編集が終わり、概要と、写真集としての見本を確認した著者は、「素晴らしい本になりますね」と満足していたが、残念なことに、完成を待たずにこの世を去った。

現在、この日本軍艦写真の世界的コレクションは、呉《くれ》市海事歴史科学館（大和ミュージアム）に収蔵され、公開されている。

●柳生悦子『日本海軍軍装図鑑』（増補版、並木書房、二〇一四年）

海軍には多くの任務がある。一義的には戦闘組織であるが、国内的、外交的な儀礼の組織でもある。軍人には戦闘のための服装と、儀礼のための服装があり、時代とともに大きく変化している。このために、明治以来の軍服の変化は複雑であり、全体を見通す資料は十分とは言えない。このような状況の中で、本書は極めて重要な資料となっている。著者は、太平洋戦争終戦直後に東京芸術大学の図案科（現在のデザイン科）を卒業し、映画などの服装デザインの仕事をしていたが、戦時中から熱烈な海軍ファンであり、早くから海軍制服の考証画集の完成を目指していた。

本書の特徴は、画稿の完成に四〇年近い時間をかけて描いていることと、特に色彩などの考証に多大な時間を投じていることである。一九七〇年から八〇年代にかけて、まだ多くの将官、佐官がお元気だったころに、著者が直接質問しながら得た情報で描いた作品は、今後は得られない貴重な資料と言える。

戸高一成（とだか・かずしげ）
呉市海事歴史科学館（大和ミュージアム）館長。日本海軍史研究家。1948年、宮崎県出まれ。多摩美術大学美術学部卒業。（財）史料調査会の司書として、海軍反省会にも関わり、特に海軍の将校・下士官兵の証言を数多く聞いてきた。92年に理事就任。99年、厚生省（現厚生労働省）所管「昭和館」図書情報部長就任。2005年より現職。19年、『［証言録］海軍反省会』（PHP研究所）全11巻の業績により第67回菊池寛賞を受賞。著書に『戦艦大和復元プロジェクト』『海戦からみた日清戦争』『海戦からみた日露戦争』『海戦からみた太平洋戦争』（角川新書）、編書に『秋山真之 戦術論集』（中央公論新社）などがある。

大木　毅（おおき・たけし）
現代史家。1961年東京都生まれ。立教大学大学院博士後期課程単位取得退学。DAAD（ドイツ学術交流会）奨学生としてボン大学に留学。千葉大学その他の非常勤講師、防衛省防衛研究所講師、国立昭和館運営専門委員、陸上自衛隊幹部学校（現陸上自衛隊教育訓練研究本部）講師等を経て、現在著述業。雑誌『歴史と人物』（中央公論社）の編集に携わり、多くの旧帝国軍人の将校・下士官兵らに取材し、証言を聞いてきた。『独ソ戦』（岩波新書）で新書大賞2020大賞を受賞。著書に『「砂漠の狐」ロンメル』『戦車将軍グデーリアン』（角川新書）、『ドイツ軍攻防史』（作品社）、訳書に『「砂漠の狐」回想録』『マンシュタイン元帥自伝』『ドイツ国防軍冬季戦必携教本』『ドイツ装甲部隊史』（作品社）など多数。

帝《てい》国《こく》軍《ぐん》人《じん》

公文書《こうぶんしょ》、私文書《しぶんしょ》、オーラルヒストリーからみる

戸《と》高《だか》一《かず》成《しげ》　大木《おおき》　毅《たけし》

2020年7月10日　初版発行
2024年6月5日　5版発行

◆◇◇

発行者　山下直久
発　行　株式会社KADOKAWA
〒102-8177　東京都千代田区富士見2-13-3
電話　0570-002-301（ナビダイヤル）

構　成　佐藤美奈子
図　表　本島一宏
写　真　永井 浩
装 丁 者　緒方修一（ラーフイン・ワークショップ）
ロゴデザイン　good design company
オビデザイン　Zapp!　白金正之
印 刷 所　株式会社KADOKAWA
製 本 所　株式会社KADOKAWA

角川新書
 ISBN978-4-04-082334-8 C0221